职业技能培训丛书

浙江省职业技能教学研究所　组织编写

电类专业技师研修项目精选

毛雷飞　主编

浙江科学技术出版社

图书在版编目(CIP)数据

电类专业技师研修项目精选/浙江省职业技能教学研究所组织编写;毛雷飞主编. —杭州:浙江科学技术出版社,2019.2
（职业技能培训丛书）
ISBN 978-7-5341-8536-6

Ⅰ.①电… Ⅱ.①浙…②毛… Ⅲ.①电子技术—技术培训—教材 Ⅳ.①TN

中国版本图书馆 CIP 数据核字(2019)第 001210 号

丛 书 名	职业技能培训丛书
书　　名	**电类专业技师研修项目精选**
组织编写	浙江省职业技能教学研究所
主　　编	毛雷飞
出版发行	**浙江科学技术出版社**
	杭州市体育场路347号　邮政编码:310006
	办公室电话:0571-85176593
	销售部电话:0571-85176040
	网　　址:www.zkpress.com
	E-mail:zkpress@zkpress.com
排　　版	杭州大漠照排印刷有限公司
印　　刷	浙江新华印刷技术有限公司
经　　销	全国各地新华书店
开　　本	787×1092　1/16　　印　张　7.5
字　　数	173 000
版　　次	2019年2月第1版　　印　次　2019年2月第1次印刷
书　　号	ISBN 978-7-5341-8536-6　　定　价　25.00元

版权所有　翻印必究

（图书出现倒装、缺页等印装质量问题,本社销售部负责调换）

责任编辑　张祝娟　　**文字编辑**　王季丰　　**责任校对**　马　融
责任美编　金　晖　　**责任印务**　崔文红

"职业技能培训丛书"编辑工作组

组　长　巫惠林　王丽慧
成　员　（按姓氏笔画排序）
　　　　王雪亘　李世存　陆卫国　周学平　俞冬伟
　　　　裘玉平

本册编写小组

主　编　毛雷飞
副主编　施俊杰
编著者　毛雷飞　王　铖　毛自洁　毛宏光　肖若进
　　　　章晓通　黄　峰　蒋海忠
主　审　杨国强　章振周　应建明　徐　玮　金晓东
　　　　刘　军　李震球

前　言

　　职业技能培训是提高劳动者技能水平和就业创业能力的主要途径。大力加强职业技能培训工作，建立健全面向全体劳动者的职业技能培训制度，是实施扩大就业的发展战略，解决就业总量矛盾和结构性矛盾，促进就业和稳定就业的根本措施；是贯彻落实人才强国战略，加快技能人才队伍建设，建设人力资源强国的重要任务；是加快经济发展方式转变，促进产业结构调整，提高企业自主创新能力和核心竞争力的必然要求；也是推进城乡统筹发展，加快新型工业化和城镇化进程的有效手段。为认真贯彻落实全国、全省人才工作会议精神和《国务院关于加强职业培训促进就业的意见》《浙江省中长期人才发展规划纲要(2010—2020年)》，切实加快培养适应浙江省经济转型升级、产业结构优化要求的高技能人才，带动技能劳动者队伍素质整体提升，浙江省人力资源和社会保障厅规划开展了职业技能培训系列教材建设，由浙江省职业技能教学研究所负责组织编写工作。该系列教材第七批共7册，主要包括工业机器人调试与维护、无人机操控与维修、餐饮创业与管理、电类专业技师研修项目精选、新能源汽车维修、康复与护理基础知识与实训技能等地方产业、新兴产业以及特色产业方面的技能培训教材。本系列教材针对职业技能培训的目的要求，突出技能特点，便于各地开展农村劳动力转移技能培训、农村预备劳动力培训等就业和创业培训，以及企业职工、企业生产管理人员技能素质提升培训。本系列教材也可以作为技工院校、职业院校培养技能人才的教学用书。

　　技工院校承担着为经济社会的发展培养高素质技术技能型人才的重要任务。经过数年改革发展，浙江省多所办学历史悠久的技师学院，积累了许多技师研修教学阶段的好经验、好案例。近几年来，企业转型升级过程中高技能人才紧缺矛盾日益凸显，各级政府越来越重视高技能人才的培养工作，许多地市的职业院校和高级技工学校都积极申办技师学院，开设五年制的高级工班和六年制的技师班，根据《浙江省技工院校教学管理办法》规定，五年制高级工班毕业生要制作课题作品，六年制技师班毕业生要完成技师研修作品。我们对近三年浙江省各地市技工院校专业教学计划进行了查阅和分析，发现近70%

的学校初次开设高级工班、技师班,且教师缺少高级工课题作品、技师研修作品制作的教学经验,本书正契合了这些院校的教学需要。本书内容包括三部分:第一编是技师研修教学管理。第二编是单片机技术开发,包括宁波第二技师学院的《血液透析渗漏检测仪的研制》、宁波技师学院的《点阵显示屏的设计与制作》、台州技师学院(筹)的《农用智能大棚控制器的研制》。第三编是可编程控制技术应用,包括宁波技师学院的《全自动四轴可示教焊接设备》、温州技师学院的《LED日光灯灯管自动穿纸机》、宁波第二技师学院的《轴承内圈研磨全自动滚棒超精机》。

　　本书由宁波第二技师学院毛雷飞担任主编,慈溪技师学院(筹)施俊杰担任副主编,其中项目一由宁波第二技师学院毛雷飞、毛自洁编写,项目二由宁波第二技师学院毛自洁、王铖编写,项目三由宁波技师学院毛宏光编写,项目四由台州技师学院(筹)黄峰编写,项目五由宁波技师学院章晓通编写,项目六由温州技师学院肖若进编写,项目七由宁波第二技师学院蒋海忠编写。本书由杭州第一技师学院杨国强、温州技师学院章振周、浙江交通技师学院应建明、海宁技师学院(筹)徐玮、金华技师学院金晓东、宁波技师学院刘军、萧山技师学院李震球担任主审。本书在编写过程中得到浙江省职业技能鉴定中心、宁波市职业技能鉴定中心、浙江省技工院校及校企合作企业等多家单位的大力支持,在此深表感谢。

　　由于编者水平有限,书中难免存在不足之处,敬请读者批评指正。

浙江省职业技能教学研究所
2017 年 10 月

目 录

第一编 技师研修教学管理

项目一 教学管理 / 1

一、技师研修阶段的教学组织 / 1

二、综合技能研修过程管理 / 3

三、技师论文撰写及答辩准备 / 8

四、答辩及成绩评定 / 11

第二编 单片机技术开发

项目二 血液透析渗漏检测仪的研制 / 17

一、血液透析渗漏检测仪的硬件电路 / 17

二、血液透析渗漏检测仪的制作过程 / 22

三、血液透析渗漏检测仪的部分程序 / 23

项目三 点阵显示屏的设计与制作 / 29

一、点阵显示屏的总体设计 / 29

二、点阵显示屏的硬件电路 / 31

三、点阵显示屏的软件设计 / 41

四、点阵显示屏的制作与调试 / 50

项目四　农用智能大棚控制器的研制 / 52

　　一、智能大棚控制器的硬件电路 / 52

　　二、智能大棚控制器的软件设计 / 62

第三编　可编程控制技术应用

项目五　全自动四轴可示教焊接设备 / 69

　　一、全自动四轴可示教焊接设备硬件 / 69

　　二、全自动四轴可示教焊接设备程序设计 / 74

　　三、触摸屏界面设计 / 83

项目六　LED 日光灯灯管自动穿纸机 / 86

　　一、灯管自动穿纸机设备机电系统 / 87

　　二、灯管自动穿纸机的 PLC 控制系统 / 91

　　三、触摸屏界面设计 / 95

项目七　轴承内圈研磨全自动滚棒超精机 / 99

　　一、轴承内圈研磨全自动滚棒超精机硬件 / 99

　　二、PLC 程序设计 / 106

　　三、触摸屏界面设计 / 108

第一编　技师研修教学管理

项目一　教学管理

我国职业技能有五个等级,分别是一级高级技师、二级技师、三级高级工、四级中级工、五级初级工,目前技工院校培养的最高层次是二级技师。初中毕业生进入技工院校,一般经过2.5年学习考取中级技能等级,再经过2年左右学习考取高级技能等级,最后经过1年的研修考取技师技能等级,技师研修阶段是技工院校教学及管理要求最高的时期。

技师作为技术工人中的精英,在生产、服务和管理一线岗位上有不可替代的作用。目前,企业处在转型升级的关键时期,新产品开发,新技术、新工艺应用,解决生产技术难题都需要大量的技师。技师学院能批量培养技师,必须确保技师培养的质量,这里以维修电工技师研修为例,介绍在研修教学管理中应该注意的几个问题。

一、技师研修阶段的教学组织

学生在技师研修阶段已经对自己的职业生涯有所规划,学校在教学组织上要尽量做到小班化、个性化,研修项目突出实用性。

(一)技师研修班学生人数

为了确保高技能人才培养的质量,必须建立合理的淘汰机制。学生在升入高级工/技师段前进行分流,只有同时符合以下三个条件的学生才能升入高级工/技师段学习。

(1)总学分达到规定学分。
(2)相应中级/高级技能鉴定等级考试一次性通过。
(3)操行考核符合有关规定,无重大违纪处分(记过以上)。

为了保证教学质量,中级工班的学生人数宜在45名以内,高级工班的学生人数宜在35名以内,技师研修班的学生人数控制在25名之内,一名教师指导3~8名学生研修,三名教师承担一个技师班的研修任务。

(二)技师研修时间

技师班学制为6年,一般在第五学期、第九学期利用技能鉴定考试进行中级工和高级工分流,确保技师研修班学生质量。目前,许多学校在第九学期将所有学生放到企业进行专业实习,让学生对自己的专业有更深的认识,也可以带一些实习过程中碰到的技术问题回到学校作为技师研修课题,技师研修安排在第十、第十一学期进行,第十一学期的期末完成技师技能鉴定。有些技师学院是前十个学期都在学校学习，最后两个学期让学生下企业实习。技师教学进程如下图所示。

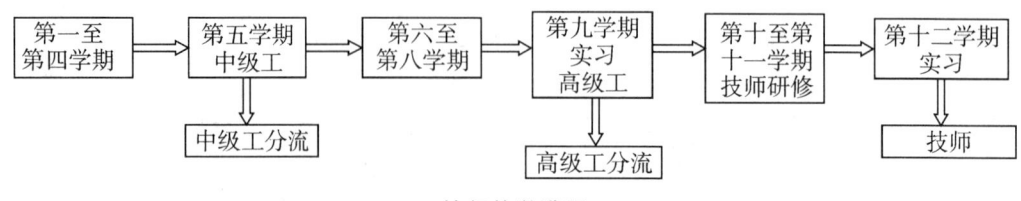

技师教学进程

（三）技师研修指导老师

选派技能优秀的教师承担技能研修指导任务。技师研修时往往会涉及技术难点，有些技术难点可能对指导老师来说也会有难度，因此要选择年富力强、善于钻研、擅长动手制作的技能优秀教师承担技师研修指导任务。一个技师研修班最好有 2～3 个专业方向供学生选择，如 PLC 控制技术、单片机控制技术、工业机器人技术等。学校要制定奖励制度，对技术有突破、能申请专利的项目进行适当奖励。

（四）技师研修场地和设备

为了确保技师研修教学工作的顺利进行，在教学安排时要有专门的技师研修实训室。实训室的位置与指导老师的办公室相距近些，有利于指导老师随时就近指导；实训室晚上也要开放，让学生能利用夜自修时间制作产品。技师研修室配备必要的仪器设备，制作作品用的元器件最好能让学生自行采购，提高学生的社会实践能力。

（五）技师研修的监管

成立技师研修教学考核领导小组，由主管校长任组长，协调处理研修过程出现的各类问题，进行过程化的技师研修监理，将设计、制作、论文/说明书撰写、答辩准备等设置为监控点，及时检查进度及工作质量，及时清退纪律不遵守、研修不深入的学生，及时提醒研修指导工作中拖沓、不认真的教师。

（六）技师理论研修

维修电工是列入浙江省统一考评的技师工种，理论试卷题型有填空、选择、判断、简答、论述等，理论知识涵盖质量管理、电工基础、电子技术、传感检测、变频技术、PLC 技术、电力电子、数控维修、液压传动、晶闸管调速、职业道德等。在研修期间每周开设 1～2 节理论辅导课，教学中应做到：

（1）理清模糊不清的概念。电类课程比较难学，电流、电压看不见，摸不着，原理分析要靠想象推理；学生在高一阶段学习《电工基础》，高二阶段学习《电子技术》时，对许多概念是一知半解的，趁着这次理论复习，理清一些模糊不清的概念。

（2）补充原有不足的知识点。近几年各技工院校增添了许多实训设备，参加技师研修的学生在前期可能没有接触过这些设备，趁技师研修过程进行补做或演示，以加深学生对电气专业知识的理解。

（七）技师教学能力研修

技师要承担对中级/高级技能人才的指导，还要准备毕业作品的答辩，所以必须进行教学能力研修的培训，因为这也是技师职业技能鉴定的项目之一。三名学生组成一个小组，一起进行教学设计、制作 PPT、相互进行试讲，每两周进行教学能力测试，要求通过培训指导能反映出技师的等级水平，教学内容准确、组织合理、具有良好的语言表达能力，为答辩打下扎实基础。教学能力研修的重点课题有示波器基本原理和使用方法、场效应管分类与特点、PLC开发应用于工业控制内容步骤、电能表原理、楞次定律应用以及复杂线路图的分析讲解等。

（八）技能提升研修

二级技师的技能要求：能熟练运用基本技能和专门技能完成较复杂的工作，独立处理工作中出现的关键操作和工艺难题，在技术攻关、工艺革新和技术改革方面有创新。浙江省维修电工技能考核重点项目是 PLC 控制系统组建与维修、直流调速系统、复杂控制系统故障排除等。学生应用触摸屏、PLC、变频器等现代化控制器件实现工业控制系统的设计、安装及联调；能检修大型的继电/接触器系统、直流调速系统、数控系统、PLC 控制系统，正确运用工具、仪器、仪表进行分析，查找故障的原因及故障点，并使其恢复原有功能。

（九）综合技能研修

综合技能研修，指完成技师毕业作品设计制作及答辩。技师作品一般来自企业一线技术难题，重在制作过程。指导老师在选择作品课题时要注意难度恰当，能代表技师技能等级水平；制作工程量合适，整个设计、选材料、制作、答辩过程能在一个学期完成。1~3 名学生组成一个小组，一名教师指导 2~3 组学生。通过设计使学生的基础知识（如电工基础、电子技术）和专业课（PLC 技术、传感技术、单片机技术）等知识得到充分的运用；通过产品制作促使学生的仪器、仪表、工量具的使用能力得到提升；通过联调、联试，学生解决故障的能力得到很大的提高；通过设计和制作说明书的撰写，提升学生的写作能力。毕业答辩专家一般由行业/企业专家、学校资深老师组成，先让学生介绍设计、制作、调试的过程，然后学生回答专家提问，专家根据学生作品的先进性、工作量、作品工艺等多方面综合给予一个考评分数。

二、综合技能研修过程管理

综合技能研修主要任务是制作技师毕业作品。在第九学期企业高级工专业实习期间，专业教师要多走访相关企业，帮助学生熟悉企业设备、工艺，尽量让学生带着企业的非标设备改造项目回学校作为技师研修课题；专业教师要结交学生的企业师傅，与企业师傅合作改造设备（一般是企业师傅负责机械装置的改造，学校技师研修电气装置）。学校电气实训设备的改造、创新产品制作也可以作为技师研修的作品。为了明确工作任务，方便进行校企合作，要制订"技师综合技能研修任务书"，见表 1-1。

表 1-1　技师综合技能研修任务书

课题名称	
课题任务	一、功能要求 二、技术指标 三、研修要求
进度安排	
推荐参考文献资料	

导师(签名)：　　　　　　　　　　　　　　　　　　　年　　月　　日

学生(签名)：　　　　　　　　　　　　　　　　　　　年　　月　　日

企业师傅(签名)：　　　　　　　　　　　　　　　　　年　　月　　日

许多课题由多名学生共同完成，需要预先进行工作分工。比如单片机开发项目，一般由一名学生负责硬件线路；另一名学生负责软件编程。如果有的项目需要做许多单元电路试验，则小组成员分工做试验，单元电路试验成功后再组合成一个课题。为了明确各成员任务，必须填写"课题分解任务表"，见表 1-2。

表1-2 课题分解任务表

课题名称			
小组成员		组长	
课题目标或任务			
子课题名称	具体目标或任务		学生签名
指导老师意见	指导老师签名： 年　月　日		

制作技师毕业作品要应用新设备、新技术、新工艺，在电路试验、制作过程中会有元器件损耗，材料费用肯定要超过常规的实训，为了合理地控制各项目经费，在完成方案制订后要提交"元器件采购申报表"，见表1-3。

表 1-3 元器件采购申报表

课题名称				
序号	元器件名称	规格	数量	备注
1				
2				
3				
4				
5				
6				
7				
8				
9				
10				
指导老师意见			指导老师签名： 年　月　日	
领导审批			签名： 年　月　日	

综合技能研修重在作品的制作过程，所以制作过程的记录非常重要，特别是记录解决单元电路试验的关键技术，记录制作过程也能培养学生良好的工作习惯。单元电路试验（制作）记录表见表 1-4，记录的要点是试验电路图、技术参数、试验过程照片或视频、试验步骤、改进方法等，试验记录表可以根据需要增加。

表1-4 单元电路试验(制作)记录表

课题名称	
试验项目	
电路图照片	（可粘贴）
技术参数	
试验步骤	
试验总结	
指导老师意见	指导老师签名： 年 月 日

　　为了确保技师综合研修的进程，学校要专门成立技师研修管理小组，根据技师研修进程检查点进行专项检查，填写"技师研修进程检查表"，见表1-5。

表 1-5 技师研修进程检查表

课题名称			
项目确定	学生签名： 　　年　月　日	指导老师签名： 　　年　月　日	管理部门签名： 　　年　月　日
方案确定	学生签名： 　　年　月　日	指导老师签名： 　　年　月　日	管理部门签名： 　　年　月　日
器件准备	学生签名： 　　年　月　日	指导老师签名： 　　年　月　日	管理部门签名： 　　年　月　日
电路制作	学生签名： 　　年　月　日	指导老师签名： 　　年　月　日	管理部门签名： 　　年　月　日
电路调试	学生签名： 　　年　月　日	指导老师签名： 　　年　月　日	管理部门签名： 　　年　月　日
作品鉴定	学生签名： 　　年　月　日	指导老师签名： 　　年　月　日	管理部门签名： 　　年　月　日

三、技师论文撰写及答辩准备

（一）技师论文撰写

1. 论文选题

除有特殊规定外，技师学院学生一般以自己制作的毕业作品作为论文选题。论文的主要内容包括作品简介、技术参数、电气线路设计及说明、程序流程图及说明、作品制作调试过程、作品使用说明书等。

2. 论文撰写要求

（1）必须由学生独立完成，不得侵权、抄袭，或请他人代写。

（2）如无特殊说明，论文字数原则上要求不少于 3 000 字。

（3）论文所需数据、参考书等资料，论文中引用部分须注明出处。

（4）论文一律采用 A4 纸打印，一式 3 份，并提供 Word 格式的电子文档。

（5）学生应围绕论文主题收集相关资料，进行调查研究，从事科学实践，得出相关结论，并将研究过程和结论以文字、图表等方式组织到论文之中，形成完整的论文内容。

（6）论文内容应做到主题明确、逻辑清晰、结构严谨、叙述流畅、理论联系实际。

3. 论文格式要求

（1）论文由标题、署名、摘要、正文、注释及参考文献组成。

（2）标题即论文的名称，应当能够反映论文的内容，或是反映论题的范围，尽量做到简短、直接、贴切、精练、醒目和新颖。

（3）摘要应简明扼要地概括论文的主要内容，一般不超过300字。

（4）注释是对论文中需要解释的词句加以说明，或是对论文中引用的词句、观点注明来源出处。注释一律采用尾注的方式（即在论文的末尾加注释）。

（5）论文的末尾须列出主要参考文献的目录。

（6）注释和参考文献的标注格式为：

① 图书：按作者、书名、出版社、出版年、版次、页码的顺序标注。

② 期刊：按作者、篇名、期刊名称、年份（期号）、页码的顺序标注。

③ 报纸：按作者、篇名、报纸名称、年份日期、版次的顺序标注。

④ 网页：按作者、篇名、网页、年份日期的顺序标注。

4. 论文提交要求

（1）学生应在综合评审前20天提交论文，提交时应包括论文书面稿一式3份、论文电子版和论文学术不端检测报告，检测报告应由维普等权威检测机构出具，要求论文的总相似度在30%以下。

（2）鉴定机构对学生提交的论文进行检测，如认定其属于抄袭、剽窃、套用他人成果和请人代笔的，该学生不得参加答辩。

（3）学校收齐所有学生资料，统一向鉴定中心提交答辩申请。

（二）论文主要格式要求

论文的封面格式见表1-6，诚信声明格式见表1-7，论文撰写格式见表1-8。

表1-6 论文的封面格式

国家职业资格鉴定
（上空四行，三号仿宋，居中）
（职业名称）论文（二号黑体，居中）
（国家职业资格×级）
（空四字，四号宋体）论文题目：
（空四字，四号宋体）姓名：
身份证号：
准考证号：
所在省市：
所在单位：

表1-7 诚信声明格式

诚信声明

本人提交的技师研修课题《××》,是本人在指导老师××的指导下,独立研究、制作、写作的成果。其中参考他人的研究成果、引用的研究材料都在论文中说明了。如果存在弄虚作假、抄袭、剽窃的情况,本人愿承担全部责任。

签名:

年　月　日

表1-8 论文撰写格式

标题(二号黑体,居中)

姓名(四号仿宋体,居中)

单位(四号仿宋体,居中)

摘要:(摘要正文,四号楷体,行间距固定值22磅)

(论文正文,四号宋体,行间距固定值22磅)

注释:(小四号宋体,单倍行距)

参考文献:(小四号宋体,单倍行距)

1.
2.
3.

(三)论文答辩准备

1. 课件制作

制作论文答辩课件PPT,内容包括作品简介、技术参数、电气线路设计及说明、程序流程图及说明、作品制作调试过程、作品使用说明书等。由于技师研修重在实际动手,解决研制过程中的问题,学生在制作过程中应随时拍照记录,最后要有作品工作或运行的视频展示。

2. 材料核对

在答辩前要仔细核对准备的材料,重点是作品运行验收(视频)、论文、操作使用说明书等。技师作品答辩材料核对表见表1-9。

表 1-9 技师作品答辩材料核对表

序号	提交内容名称	提交情况（有的打"√"）	备注
1	任务书		
2	课题分解任务表		单独一题的不需要
3	作品运行验收（视频）		
4	论文		纸质稿 3 份
5	操作使用说明书		纸质稿 3 份
6	诚信声明		纸质稿 3 份
7	技师研修进程检查表		
8	答辩课件（PPT）		

四、答辩及成绩评定

（一）答辩评审组织

(1) 鉴定机构根据申请评审人数，成立若干综合评审委员会，制订详细可行的综合评审工作方案，报各市职业技能鉴定指导中心（以下简称市鉴定中心）核准，各市鉴定中心可对综合评审委员会组成人员进行调整。

(2) 每个综合评审委员会由 3~5 名委员组成。评审委员原则上须经省鉴定中心考评员培训并取得高级考评员资格证书，具有相关专业副高及以上职称、本职业一级职业资格，或相当于本职业同等水平的，由市鉴定中心负责选聘。

(3) 综合评审委员会设主席 1 名，主席职责包括：组织和主持本组的综合评审工作；统一测评要求和评分中线；掌握综合评审总体时间；向考生宣读导语。

（二）论文内容评定

(1) 鉴定机构应提前 15 天将论文交给评审委员。

(2) 由评审委员独立对论文内容进行评定，将评定结果填写在表 1-10 中，算出平均分后将结果填入综合评审评分表（表 1-11）中的论文内容部分，同时填写相应的答辩问题。

(3) 论文内容部分的成绩实行百分制，由评审委员会中每位成员评定的成绩进行算术平均后得出，60 分及以上为合格。

表 1-10 (职业名称)(国家职业资格×级)鉴定综合评审论文评分汇总表

考生姓名		身份证号		准考证号	
所在县市		所在单位			
论文题目					

	评审委员	论文内容部分	论文答辩部分	总成绩
评审委员评定成绩				
	平均			

综合评审总成绩	总成绩(百分制): 　　　　　　　　　　　　　　　评审委员会主席签字: 　　　　　　　　　　　　　　　　　　　　　　　　年　月　日

说明:(1) 将每位评审委员填写的论文答辩评分表上的成绩转入此表。
　　(2) 所有评审委员评定的总成绩的算术平均值,即为该考生论文的最终论文答辩总成绩。
　　(3) 论文内容与论文答辩两部分的成绩均须达到 60 分及以上为合格。

表 1-11 (职业名称)(国家职业资格×级)鉴定综合评审评分表

考生姓名		准考证号		身份证号	
所在县市		所在单位			
论文题目					

	评定项目	满分(分)	实际成绩(分)
论文内容部分	1. 论文内容的意义和难度	15	
	2. 论文内容的正确性	15	
	3. 论文结构的逻辑性	15	
	4. 论文的独创性及应用价值	15	
	5. 掌握基础理论知识的程度	15	
	6. 综合分析和解决问题的能力	15	
	7. 文字质量和书面表达能力	10	
	小　计	100	

续表

论文答辩部分	答辩委员问题	1.		
		2.		
		3.		
		4.		
	评定项目		满分(分)	实际成绩(分)
	1. 考生汇报论文情况		25	
	2. 回答问题的正确性		25	
	3. 对论文选题的理解程度		25	
	4. 逻辑思维及口头表达能力		25	
	小　计		100	
评审委员签字	论文撰写部分		论文答辩部分	
	年　　月　　日		年　　月　　日	

（三）书面答辩程序和要求

（1）鉴定机构根据答辩问题，制作书面论文答辩试卷（表1-12）。

表1-12　（职业名称）（国家职业资格×级）鉴定综合评审书面论文答辩试卷（样卷格式）

姓　名_____ 准考证号_____	题号	1	2	3	总分	总分人
	得分					

…………答………题……请……不……要……超……过……密……封……线…………

论文题目：
请结合论文，回答下列问题：   1.   2.   3.
回答：   1.   2.   3.

(2) 鉴定机构组织考生集中进行书面答辩。书面答辩采用闭卷笔试的方式,时间不少于60 min,考生不得携带如论文等与答辩有关的资料。考务要求与理论笔试一致。

(3) 答辩结束后,鉴定机构组织评审委员结合论文对答辩试卷进行评定,并将评定结果填入综合评审评分表(表1-11中的论文答辩部分)。

(4) 答辩成绩实行百分制,由评审委员会中每位成员评定的成绩进行算术平均后得出,60分及以上为合格。

(四) 口头答辩程序和要求

1. 考务准备与人员配置

考点设考务办公室、考评室、候考室等,工作人员根据不同岗位分工承担各自职责,同时根据考点实际,视情况设置评审委员和考务工作人员会议室。

(1) 考务办公室:考务办公室配考务负责人1名、工作人员1名。主要职责:召集评审委员参加考前准备会议,明确评审流程和要求;发放、回收考务材料;对综合评审组织实施情况进行全程监督,发现问题及时纠正和妥善处理;统计考生分数;做好摄影、用餐等保障工作,完成主考交办的其他考务管理工作任务。

(2) 考评室:每个考评室配计分员、复核联络员各1人。计分员主要职责:领取考务材料,并按要求摆放;负责计时,并在时间到时提醒考评组;发放、回收考生使用的草稿纸;回收、验核评分表;汇总计算评分成绩。复核联络员主要职责:按顺序带领考生从候考室进入考评室并核对考生身份;维持评审考场内外秩序;复核评分成绩;半天综合评审结束后,回收试卷、评分表等送交考务办公室。

(3) 候考室:视考生人数设置候考室,候考室配管理员1名。主要职责:在考生报到前清理候考室,清退无关人员;组织考生报到并逐一核对考生身份;宣读综合评审考生须知;管理候考室内外秩序,严禁已完成评审的考生和无关人员进入候考室。

2. 答辩程序

(1) 答辩由评审委员会主席主持,主席宣布答辩开始。

(2) 答辩人作简短的自我介绍,汇报论文的主要内容和需要说明的问题,时间不超过5 min。

(3) 评审委员提问(每个委员一般提1~2个问题),答辩人进行口头答辩,时间不超过15 min。

(4) 答辩人回避,评审委员分别将答辩评定成绩填入综合评审论文评分汇总表(表1-10中的论文答辩部分),评审委员会秘书汇总后将成绩填入鉴定综合评审论文评分登记表(表1-13)。

(5) 答辩部分的成绩实行百分制,由评审委员会中每位成员评定的成绩进行算术平均后得出,60分及以上为合格。

表 1-13 （职业名称）（国家职业资格×级）鉴定综合评审论文评分登记表

序号	姓名	准考证号	论文内容成绩	论文答辩成绩	总成绩

委员会秘书签字	年　月　日
委员会主席签字	年　月　日
鉴定机构盖章	年　月　日

3. 纪律要求

（1）所有评审委员和工作人员要严格执行考试相关保密纪律，不得泄露题目，不得透露评审委员的具体评分成绩，不得打听和了解与本职工作无关的情况和信息，严禁替考生请托关系、打人情分。答辩结束后，所有考务材料必须全数收回，任何人不得复印、留存和带走。

（2）参加综合评审考生必须在规定的时间内到达指定的候考室报到，迟到者做自动放弃处理。必须自觉服从现场工作人员的统一管理；必须严格按照规定程序进行综合评审。口头答辩工作操作程序见表 1-14。

表 1-14　口头答辩工作操作程序

时间	工作内容及要求
考前一天	布置候考室、考评室，摆放桌牌，粘贴引导标志
08:00 （括号内为下午时间）	1. 工作人员到考务办公室报到，领取有关考务资料 2. 召开工作人员会议，介绍评审要求，明确职责分工 3. 工作人员进入相应岗位，并检查准备情况，发现问题及时纠正或报告考务负责人

续表

时间	工作内容及要求
08:00 (12:30)	1. 考生应按综合评审时间安排表的安排,携带本人准考证和身份证(或军官证等有效证件),于所在批次开始前40min到候考室报到,并将证件放在桌面的右上角,工作人员核对考生身份 2. 提醒候考的考生查看综合评审考场规则
08:10 (12:40)	1. 评审委员到考务办公室报到 2. 召开评审委员准备会议,主考或考务负责人介绍评审程序和评审要求
08:30 (13:00)	1. 考评室复核联络员从候考室带考生进入考评室,在"考生位"就座 2. 考生先进行自我介绍,不超过5min。之后,评审委员围绕论文为主提问,由考生回答,不超过15min 3. 评审委员依据评分标准,对考生答辩评审情况现场评分并签名 4. 由计分员收集评分表汇总统计 5. 由复核联络员进行复核
下一轮	复核联络员到候考室叫下一名考生进入考评室
半天评审结束后	复核联络员将评分表等送交考务办公室
第一天综合评审结束后	1. 复核联络员将综合评审评分表汇总后,送交考务办公室 2. 各组论文、评分表务必及时收回和妥善保管 3. 候考室、考评室工作人员打扫所在教室的清洁卫生,根据考务负责人要求,做好第二天的评审准备工作
全部综合评审结束后	1. 候考室、考评室工作人员清理所在教室的卫生,将所有考务资料、器材物品等送交考务办公室 2. 工作人员经考点主考或考务负责人宣布"当天或本次综合评审考务工作结束"后,方可离开考点

(五) 成绩统计与存档

(1) 综合评审成绩计算办法:综合评审成绩＝论文内容成绩×40%＋论文答辩成绩×60%。综合评审成绩实行百分制,由评审委员会中每位成员的总成绩进行算术平均后得出。综合评审成绩同时符合以下两个条件方为合格:论文内容与论文答辩两部分的成绩均为60分及以上(合格)。

(2) 答辩结束后,鉴定机构负责登记汇总考生答辩成绩,填入鉴定综合评审论文评分登记表(表1-13)。

(3) 鉴定机构负责保存考生论文、答辩试卷、综合评审评分表,考生论文、答辩试卷保存期为1年。

第二编　单片机技术开发

项目二　血液透析渗漏检测仪的研制

血液透析是急慢性肾衰竭患者肾脏替代治疗方式之一，将体内血液引流至体外，通过弥散、对流进行物质交换，清除体内的代谢废物，维持电解质的酸碱平衡，同时清除体内过多的水分。每一次血液透析需要好几个小时，病人有可能会瞌睡，会无意识地动一下手，手臂上插着的针头会掉出来，由于病人的凝血功能较差，不注意时动脉血液会长时间渗漏，从而危害病人安全；且病人的整个胳膊露出在外，冬天会感觉手臂特别冷。我们制作的血液透析渗漏检测仪具有渗漏报警和保温的功能，具体表现为：

（1）光纤传感器监控透析患者手臂中的透析针，防止因患者无意将透析针滑出，造成血液渗漏，若有血液渗漏立即报警。

（2）在寒冷冬天里由于患者长时间做透析，手臂一直裸露在外，需要一定的保暖措施。检测仪增设加温功能，温度可调、可显示。

（3）患者可清楚看到液晶屏显示的工作时间，放心地进行透析。

一、血液透析渗漏检测仪的硬件电路

血液透析渗漏检测仪硬件电路主要包括单片机主控电路、光纤传感器单元、温度采集单元、温控显示、继电器控制单元、蜂鸣报警单元、电源模块单元等，硬件结构框图如图2-1所示，实物俯视图如图2-2所示。

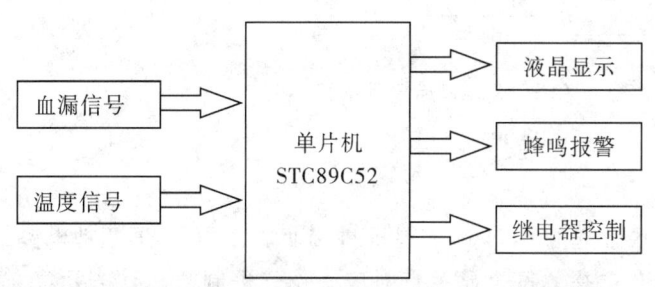

图2-1　血液透析渗漏检测仪硬件结构框图

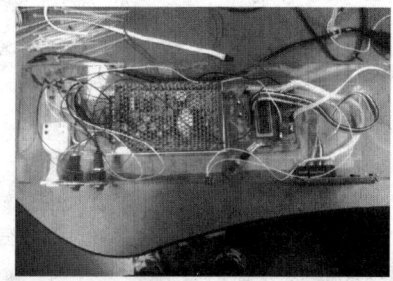

图2-2　血液透析渗漏检测仪实物俯视图

（一）主控电路

主控单片机STC89C52是STC公司生产的一种低功耗、高性能8位微控制器，具有8K

在线可编程 Flash 存储器。其主要参数为：

（1）工作电压：5.5～3.3V（5V 单片机），工作频率范围：0～40MHz。

（2）用户应用程序空间 8K 字节，集成 RAM512 字节。

（3）通用 I/O 口 32 个，复位后为：P0/P1/P2/P3 为准双向口、弱上拉，P0 为漏极开路输出，作为总线扩展用时，不用加上拉电阻；作为 I/O 口用时，需加上拉电阻。

（4）无须专用编程器，可通过串口 RXD/P3.0 和 TXD/P3.1 直接下载用户程序。

（5）共有 3 个 16 位定时器/计数器，定时器 T0、T1、T2；外部中断 4 路，下降沿中断或低电平触发电路，Power Down 模式可由外部中断低电平触发中断方式唤醒。

单片机 I/O 口地址分配为：P1 口和 P0.0～P0.4 接口液晶电路工作，P0 口因为是漏极开路输出，所以接 1kΩ 的上拉电阻。P2.0、P2.1 分别为两个血液传感器的输入信号端，P2.2 为温度传感器的输入信号端，P2.3 为加热继电器控制信号输出端，P2.4、P2.5 为温度设置加/减键输入端，P2.7 为控制报警蜂鸣器输出端，单片机 STC89C52 端口连接如图 2-3 所示。

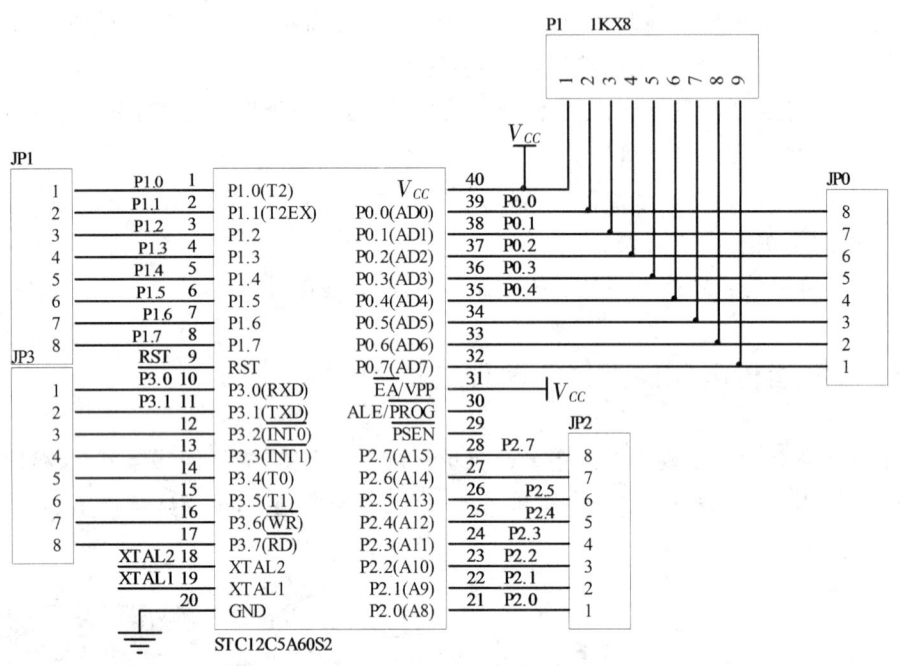

图 2-3　单片机 STC89C52 端口连接示意图

（二）液晶显示

12864 液晶屏实际上是由左右两块独立的 64×64 液晶屏拼接而成，左右半屏驱动电路及存储器分别由片选信号 CS1 和 CS2 选择。每个显示点对应一位二进制数，"1"表示亮，"0"表示灭，存储这些点阵信息的 RAM 称为显示数据存储器，每半屏有一个 512×8bits 显示数据 RAM。要显示某个图形或汉字就是将相应的点阵信息写入到相应的存储单元中，将 64×64 液晶屏从上至下 8 等分为 8 个显示块，每块包括 8 行×64 列个点阵。每列中的 8 行点阵信息构成一个 8bits 二进制数，存储在一个存储单元中。即 64×64 液晶屏的点阵信息存储在 8 个存储页中,每页 64 个字节,每个字节存储一列(8 行)点阵信息,故存储单元地址包括页地址($Xpage:0\sim7$)和列地址($Yaddress:0\sim63$)。例如,点亮 12864 的屏中(20、30)位置上的液晶点,因列地址 30 是小于 64,该点在左半屏第 29 列,所以 CS1 有效;行地址 20 除以 8 取整得 2,取余得 4,该点在 RAM 中页地址为 2,在字节中的序号为 4,所以将二进制数据 00010000 写入 $Xpage=2$,$Yaddress=29$ 的存储单元中,即点亮(20、30)上的液晶点。12864 液晶屏的引脚与接线见表 2-1,12864 液晶端口的连接如图 2-4 所示。

表 2-1　12864 液晶屏的引脚与接线

引脚	接线	引脚	接线
1	GND 电源地	11	D4 数据线
2	$V_{CC}+5V$	12	D5 数据线
3	VO 亮度调节 1,接 10kΩ 电位器可调端	13	D6 数据线
4	D\I 数据\指令选择,高数据,低指令	14	D7 数据线
5	R\W 读写操作,高读数据,低写数据	15	CS1 片选,高电平选择左屏
6	E 读写使能端,下降沿锁存	16	CS2 片选,高电平选择右屏
7	D0 数据线	17	RES 复位,低电平有效
8	D1 数据线	18	V_{EE} 亮度调节 2,接 10kΩ 电位器
9	D2 数据线	19	V_{CC} 背光电源+5V
10	D3 数据线	20	GND 背光电源地 0V

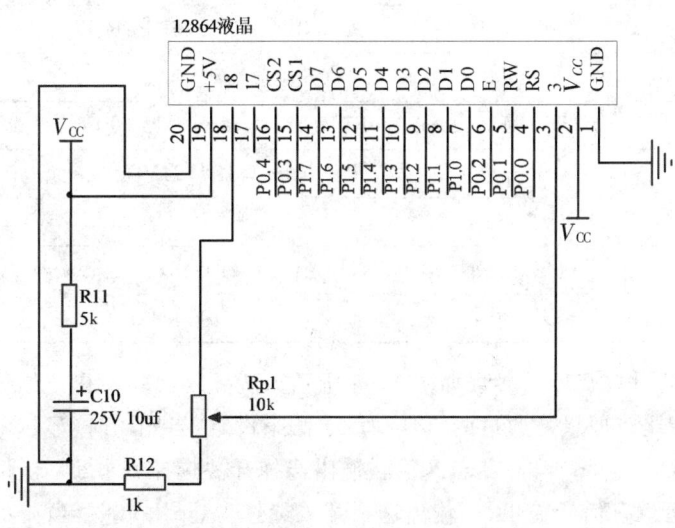

图 2-4　12864 液晶端口连接示意图

(三) 光纤传感器和放大器

传感器的基本工作原理是将光信号经过光纤送入调制器，使待测参数与进入调制区的光相互作用后，导致光学性质（如光的强度、波长、频率、相位、偏振态等）发生变化，成为被调制的信号源，再经过光纤送入光探测器，经解调后，获得被测参数。然后，对已调制的光信号进行检测，从而得到被测物理量。血液渗漏检测采用 FD-L51 光纤探头和 FS-V11 光纤放大器，其主要参数分别见表 2-2 和表 2-3，光纤传感器和放大器外形如图 2-5 所示。

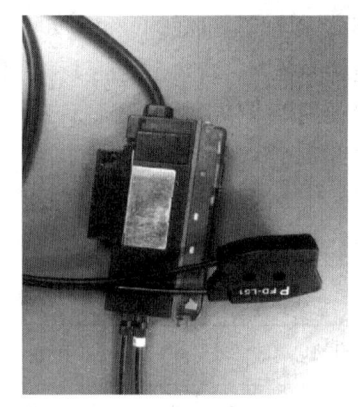

图 2-5 光纤传感器和放大器外形

表 2-2 FD-L51 光纤探头的主要参数

性能指标	参数值
检测距离	14～24mm
设定距离	20mm 固定
光点直径	5mm
允许弯曲半径	R25mm
光缆长度	1m
周围温度	－20～＋70℃（不可结露、结冰）储存：－20～＋70℃
周围湿度	35%～85%RH，存储：35%～85%RH
重量	约 15g

表 2-3 FS-V11 光纤放大器的主要参数

性能指标	参数值
反应时间	250μs（FINE）/500μs（TURBO）/1ms（SUPER TURBO）
操作模式	LIGHT-ON/DARK-ON（开关选择）
延时功能	ON—延时：40ms/OFF—延时：10ms/计时器 OFF（开关选择）
控制输出	NPN 开放式集电器，最大 100mA（最大 24VDC），剩余电压：最大 1V
电流消耗	最大 50mA
工作环境亮度	白炽灯：最大 10 000lx，日光：最大 20 000lx
外壳	聚碳酸酯

光纤传感器的设置及显示参数如图 2-6 所示。从反复试验中得出结论：在显示参数为 2 000 时进行报警比较理想。通过两点自动设定法来设定：当光弱时（显示 10），按"SET"键；然后在光强时（显示 3 986），再按"SET"键，输出选择开关选择为 light on 时，两个点的平均值在 1 998 及以上就有信号输出；当输出选择开关选择为 dark on 时，当显示参数在 1 998 及以下就有信号输出（一般使用在光强转光弱的情况下）。

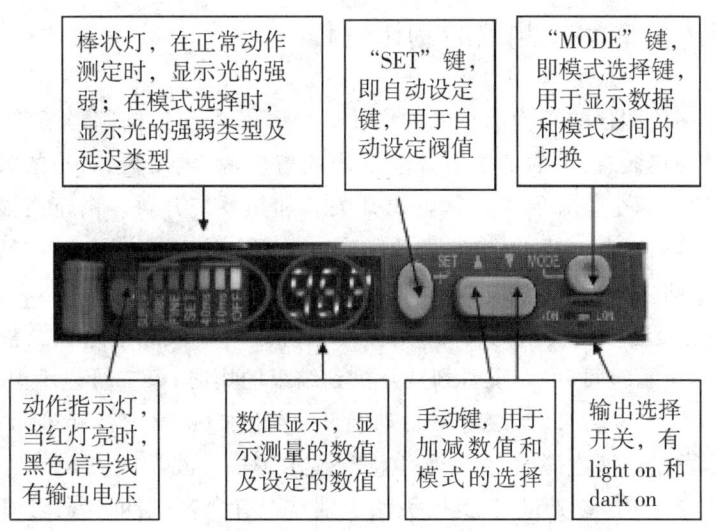

图 2-6 光纤传感器设置及显示参数

（四）温度传感器

测温元件采用 DS18B20 温度传感器，它体积小、使用方便、封装形式多样，适用于各种狭小空间设备数字测温和控制领域。引脚正面朝自己从左至右为 GND、DQ、VCC。DS18B20 的主要性能：

(1) 工作电压范围：3.0～5.5V。

(2) 测温范围：−55～+125℃，在−10～+85℃时精度为±0.5℃。

(3) 可编程分辨率：9～12 位，对应可分辨温度分别为 0.5℃、0.25℃、0.125℃和 0.0625℃。

(4) 12 位分辨率时最多在 750ms 内把温度转换为数字。

测温装置、报警装置、加热装置的电气原理如图 2-7 所示。

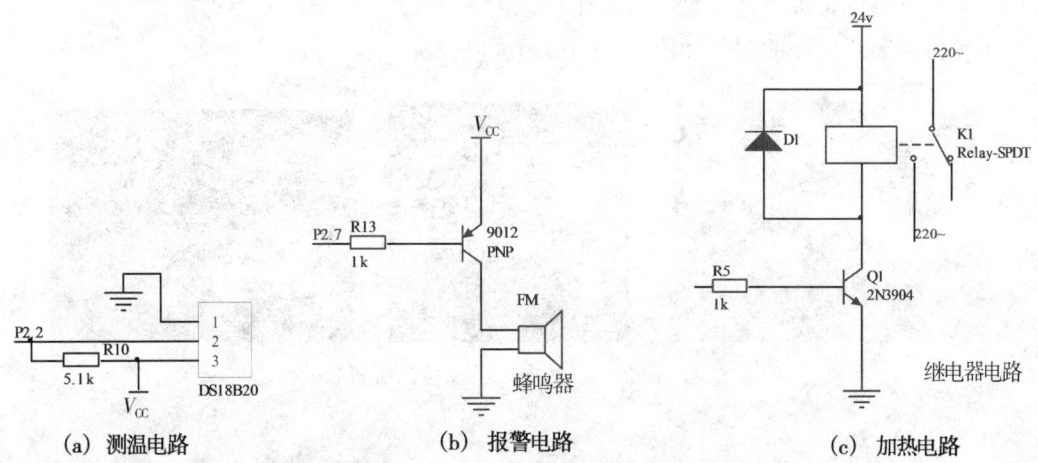

图 2-7 测温装置、报警装置、加热装置的电气原理

二、血液透析渗漏检测仪的制作过程

血液透析渗漏检测仪的结构示意图如图 2-8 所示，上面的椭圆形长筒是手臂保温桶，并安装传感器及加热装置；下面的长方体盒子内放置电源、电路板，右边的方形大孔上安装液晶显示器，左边的两个长方形小孔是电源开关和加热系统开关。由于血液透析渗漏检测仪是由两名同学共同研制完成的，电路设计制作时采用了较多的单元电路，提升了研制工作的进程，故单元电路之间的连接线较多。

12864 液晶安装在多孔板上，其作用是监控系统运行。液晶电路板及液晶显示图如图 2-9 所示，第一行显示时间，可以观看到从开机到结束的用时；第二行显示温度，加热装置已加热至 37℃，程序设定高于 38℃ 继电器自动断开，停止加热；第三行和第四行显示"当前工作正常"状态，当发生血液渗漏时，会有血液渗漏显示警报。液晶模块 3 脚接可变电阻，当可变电阻最大值（10kΩ）时，背光最暗，此时无法识别是否有内容；当可变电阻值最小（0kΩ）时，背光最亮，也无法识别内容；当阻值在 5.2kΩ 的时候，可以比较清晰地看到显示内容。

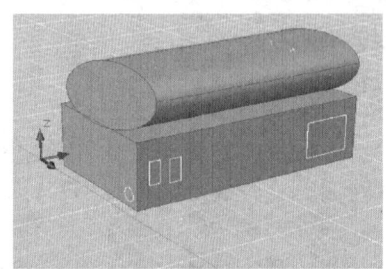
图 2-8 血液透析渗漏检测仪的结构示意图

图 2-9 液晶电路板及液晶显示图

手臂保温桶内的加热装置用电热毯，如图 2-10 所示。由于加热区域少，我们把电热毯的电热丝长度缩小一半。并且利用了电热毯接头和开关内的二极管将工作电压调至 AC110V，不至于电压过大、温度太高。温度传感器 DS18B20 采样温度信号，在液晶屏上显示温度；程序默认低于 37℃，继电器吸合，电热毯加热；高于 38℃ 则继电器断开，停止加热。保温桶内控制温度可以通过设置键来改变。

单片机控制线路板的制作如图 2-11 所示。

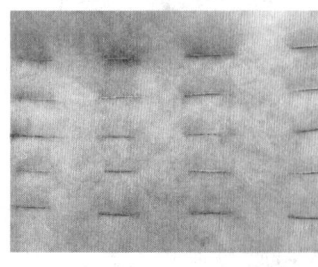
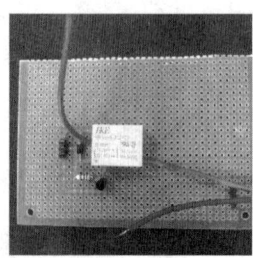
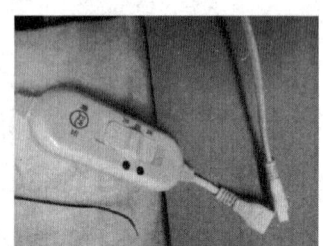

图 2-10 加热电热毯及控温装置

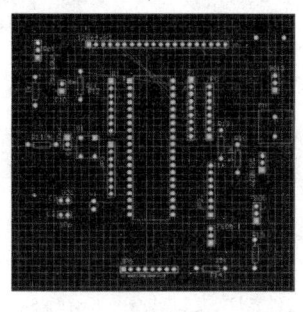
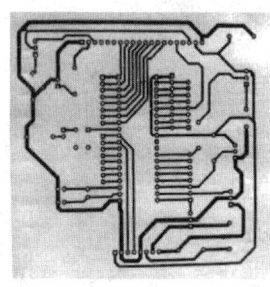

(a) PCB设计图　　　　　(b) 印制电路板　　　　(c) 焊接上元器件的电路板

图 2-11　单片机控制线路板的制作

三、血液透析渗漏检测仪的部分程序

重点介绍比较实用的 12864 液晶模块的驱动程序和 DS18B20 温度传感器的采样信号读取程序。

(一) 液晶模块的驱动程序

12864 液晶模块的驱动端口是单片机的 P1 口和 P0.0～0.4,显示数据存放在 ROM 内存的 code wenzi[]数组区域中,程序清单如下:

```
void com(uchar cmd)//液晶繁忙检测
{
    rs=0;
    rw=0;
    P1=cmd;
    delay(1);
    e=1;
    delay(1);
    e=0;
}
void dat(uchar date)//液晶读取代码
{
    rs=1;
    rw=0;
    P1=date;
    delay(1);
    e=1;
    delay(1);
    e=0;
```

```c
}
void CLr_Ser()//清屏指令
{
    uchar j,k;
    cs1=cs2=1;
    for(j=0;j<8;j++)
    {
        com(page+j);
        com(col);
        for(k=0;k<64;k++)dat(0x00);
    }
    cs1=cs2=0;
}
void hz_disp16(uchar pag,uchar co,uchar code *hzk)//16*8中文字体显示
{
    uchar j,i;
    for(j=0;j<2;j++)
    {
        com(page+pag+j);
        com(col+co);
        for(i=0;i<16;i++)
        dat(hzk[16*j+i]);
    }
}
void hz_disp8(uchar pag,uchar co,uchar code *hzk)//8*8数字显示
{
    uchar j,i;
    for(j=0;j<2;j++)
    {
        com(page+pag+j);
        com(col+co);
        for(i=0;i<8;i++)
        dat(hzk[8*j+i]);
    }
}
void init_lcd()//开启液晶
{
    delay(50);
```

```c
        cs1=cs2=1;
        delay(50);
        com(off);
        com(page);
        com(start);
        com(col);
        com(on);
}
void dayejing()//液晶显示程序
{
        cs1=1,cs2=0;//左半屏
        /*时钟*/
        hz_disp8(0,32,shuzi[hh/10%10]);
        hz_disp8(0,40,shuzi[hh%10]);
        hz_disp8(0,48,shuzi[10]);
        hz_disp8(0,56,shuzi[mm/10%10]);
        /*温度*/
        hz_disp16(2,0,wenzi[0]);
        hz_disp16(2,16,wenzi[1]);
        hz_disp16(2,32,wenzi[2]);
        hz_disp8(2,48,shuzi[temp/10%10]);
        hz_disp8(2,56,shuzi[temp%10]);
        /*警报*/
        if(cufa==0)//当警报时
        {
            hz_disp16(4,48,wenzi[8]);

            hz_disp16(6,32,wenzi[3]);
        hz_disp16(6,48,wenzi[4]);
        }
        if(cufa==1)//当无警报时
        {
            if(bj==0)
            {
                hz_disp16(4,48,wenzi[7]);
                hz_disp16(6,32,wenzi[7]);
                hz_disp16(6,48,wenzi[7]);
            }
```

```
            else{
                hz_disp16(4,48,wenzi[10]);
                hz_disp16(6,32,wenzi[12]);
                hz_disp16(6,48,wenzi[13]);
            }
        }
        cs1=0,cs2=1;//右半屏
        /*时钟*/
        hz_disp8(0,0,shuzi[mm%10]);
        hz_disp8(0,8,shuzi[10]);
        hz_disp8(0,16,shuzi[ss/10%10]);
        hz_disp8(0,24,shuzi[ss%10]);
        /*警报*/
        if(cufa==0)//当警报时
        {
            hz_disp16(4,0,wenzi[9]);
            hz_disp16(6,0,wenzi[5]);
            hz_disp16(6,16,wenzi[6]);
        }
        if(cufa==1)//当无警报时
        {
            if(bj==0)
            {
                hz_disp16(4,0,wenzi[7]);
                hz_disp16(6,0,wenzi[7]);
                hz_disp16(6,16,wenzi[7]);
            }
            else{
                hz_disp16(4,0,wenzi[11]);
                hz_disp16(6,0,wenzi[14]);
                hz_disp16(6,16,wenzi[15]);
            }
        }
    I/O口分配:
sbit rs=P0^0;//液晶端口
sbit rw=P0^1;//液晶端口
sbit e=P0^2;//液晶端口
sbit cs1=P0^3;//液晶端口
```

sbit cs2=P0^4;//液晶端口

P1 口为大液晶 DS0-DS7 的数据传输口

(二) 温度传感器的采样

DS18B20 温度传感器的数据读取线是 P2.2,读取的数据存放在 temp 临时变量中,程序清单如下:

```
init()//18B20繁忙检测
{
    DQ=1;
        delay(8);
    DQ=0;
    delay(85);
    DQ=1;
    delay(14);
}
read()//18B20读取温度
{
    unsigned char i=8;
    unsigned char dat=0;
    for(;i>0;i--)
    {
        DQ=1;
        delay(1);
        DQ=0;
        dat>>=1;
        DQ=1;
        if(DQ)dat|=0x80;
        delay(4);
    }
    return(dat);
}
void write(unsigned char dat)//18B20程序写入单片机
{
    unsigned char i=8;
    for(;i>0;i--)
    {
        DQ=0;
        DQ=dat&0x01;
```

```
        delay(4);
        DQ=1;
        dat>>=1;
    }
    delay(5);
}

void wendu()//18B20的温度处理
{
    init();
    write(0xcc);
    write(0x44);
    delay(125);
    init();
    write(0xcc);
    write(0xbe);
    templ=read();//18B20高八位
    temph=read();//18B20低八位
    temp=((temph<<8)+templ)>>4;//18B20采集到的程序处理成数字显示
    delay(200);
}
```

项目三　点阵显示屏的设计与制作

LED 点阵电子显示屏是集微电子技术、计算机技术、信息处理技术于一体的大型显示屏系统,可应用到公交汽车、商店、场馆、车站、学校、银行等许多场所。

一、点阵显示屏的总体设计

本设计以单片机实时控制来实现 LED 点阵显示屏功能,与上位微型计算机通过串行连接,能根据用户需求修改显示内容以及时间,显示内容可达到 1 000 字。

(一) 显示单元

为了在较远距离处获得清晰的视觉效果,采用 320 个 8×8 点阵,像素直径 5mm 的 LED 模块拼接成 320×64 点阵的 LED 阵列。这样每个 32×32 汉字能够获得 24cm×24cm 的显示尺寸。本设计要求整个屏幕能同时显示 20 个 32×32 汉字,则至少需要用 320 个 8×8 的 LED 模块拼接成 320×64 的矩阵。

(二) 滚屏的实现

字符在屏幕上移动,即术语"滚屏"。本设计采用软件算法实现左滚屏、上滚屏、翻页、定格显示等常见滚屏方式,用软件来完成滚屏算法,成本低廉,且维护方便。

(三) 显示单元扩展

采用独特的串行锁存技术,通过控制四根总线就能实现各显示单元之间的列数据锁存。不仅板间连接简单,更降低了 PCB 布局及布线的难度。每个显示单元的 PCB 都是完全一样的,便于量产。

(四) 微控制器选择

选择 STC10F 系列单片机,最高时钟频率可达 48MHz,且有较丰富的接口及存储器资源,价格低廉,零售价仅为 5.7 元/片,大幅降低了产品成本。

(五) 点阵数据的存储方式

一般是通过上位机软件将待显示的字符串转换为对应的点阵字模数据,通过烧写的方式将这些字模数据按一定的顺序编址后存储在 E^2PROM 中。由于 E^2PROM 较贵,本设计采用传统的扩展外部 RAM 来存储字模数据,再加一个备用电源来防止外部 RAM 掉电丢失数据。

(六)显示内容的更新

本设计采用PC机串口作为下载接口。PC机串口为RS-232C标准,其特点是共模传输,但考虑到数据传输距离较长,为此最终采用了RS485平衡传输的方式进行传输,传输介质有双绞线、同轴屏蔽线等。PC机串口的驱动程序编写简单,不需要掌握复杂的通信协议。点阵显示的数据由上位机传输得来,因此上位机软件的任务就是:将待显示的字符转换成对应点阵二进制代码,并把操作者对下位机显示方式、速度等进行设置的常数,通过RS485总线按一定的通信协议一起发送到下位机。

(七)硬件电路结构

4个8×8点阵模块实现一个16×16的显示屏,4片16×16点阵屏组合成一个显示单元。每个显示单元由4个16×16点阵的LED模块和16个8位宽的移位锁存器(串行—并行转换器)构成。所有显示单元的8根行线均连接到公共的行扫描驱动电路,而每个显示单元的列数据则由8位移位锁存器并行输出口提供。LED显示屏硬件系统框图如图3-1所示。

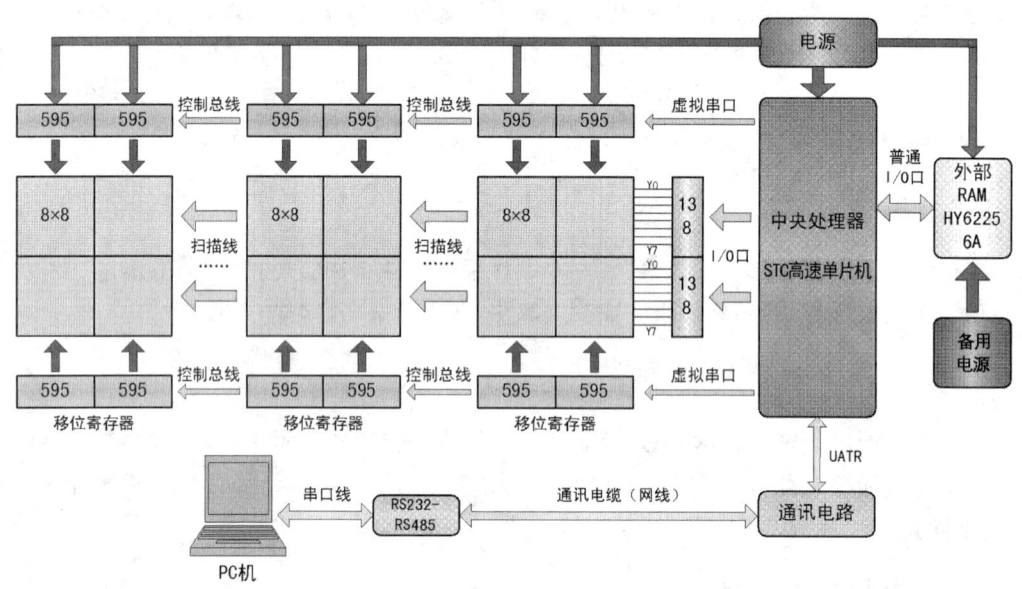

图3-1 LED显示屏硬件系统框图

中央微处理器MCU负责所有外围设备的协调通信以及各种算法的处理。MCU通用I/O口来驱动行扫描驱动电路,通用I/O口模拟同步串行接口以实现和列数据锁存器(移位锁存器)之间的单向通信。MCU通过通用I/O口(P0、P2)与外部RAM(62256)进行通讯。PC机(上位机)的RS-232C电平经过转换后,通过UART接口与MCU进行双向通信。

(八)软件控制原理

本设计采用两片单片机独立显示控制。结合上位机对多个单片机进行通讯,完成数据的接收与发送。

(1) 文本显示控制。单片机通电后,程序执行初始化程序,随后进入主循环程序。在主循环程序中,判断有无通讯产生,如果有,则跳转到串口中断程序,运行通讯程序;如果没有,确认移动速度及显示方式。确认完毕后,执行指定的显示方式程序,一个屏显示完毕后,跳出显示程序,返回到主循环程序原点,再判断有无通讯产生,重复上述主循环程序。

如果有通讯产生,判断是否传给本机的通讯,如果是,则继续接收;如果不是,表明数据是给其他单片机的,这时开启定时器,同时关闭串口(定时器的作用是延迟通讯,防止在通讯过程中接收不该要的数据),定时完毕后,再将串口打开。

数据接收完毕,要对接收到的数据进行校验。如果正确,则将应答数据返送给上位机,表示通讯成功,同时跳出中断程序;如果不正确,则将错误应答数据返送给上位机,表示通讯有误,同时将所有的数据清零,并跳出中断程序。

(2) 时钟显示控制。单片机上电后,程序执行初始化程序,随后进入主循环程序。在主循环程序中,判断有无通讯的产生,如果有,则跳转到串口中断程序,运行通讯程序;如果没有,接着从 DS1302 时钟芯片中读取年/月/日/时/分/秒及星期这一系列的数据,存入显示缓冲区中,然后逐一对其进行显示,一个屏显示完毕后,跳出显示程序,返回到主循环程序原点,再判断有无通讯产生,重复上述主循环程序。

如果有通讯产生,判断是否传给本机的通讯,如果是,继续接收;如果不是,表明数据是给其他单片机的,这时开启定时器,同时关闭串口(定时器的作用是延迟通讯,防止在通讯过程中接收不该要的数据),定时完毕后,再将串口打开。

数据接收完毕,要对接收的数据进行校验。如果正确,则将应答数据返送给上位机,表示通讯成功,同时将接收到的年/月/日/时/分/秒的数据写入芯片 DS1302 的年/月/日/时/分/秒的数据寄存器中,然后跳出串口中断程序;如果不正确,则将错误的应答数据返送给上位机,表示通讯有误,同时将所有的数据清零,并跳出中断程序。

(3) 上位机程序设计。上位机的主要作用是对数据的处理,整合及发送。

对文本显示控制单片机进行操作时,首先上位机要将汉字进行点阵取模,按规律生成一系列的二进制代码,随后用户将其数据进行保存,然后选择好显示方式及显示速度后将数据做成帧的形式发送给单片机。

对时钟显示控制单片机进行操作时,首先上位机对将要发送的时间数据进行采集及运算,然后将数据以帧的形式发送给单片机。

二、点阵显示屏的硬件电路

本系统硬件主要由四大部分组成,即文本显示控制系统、时钟显示控制系统、点阵显示驱动系统、通讯系统。下面对这四个系统电路进行逐一介绍:

(一) 文本显示控制系统

文本显示控制系统总图如图 3-2 所示。

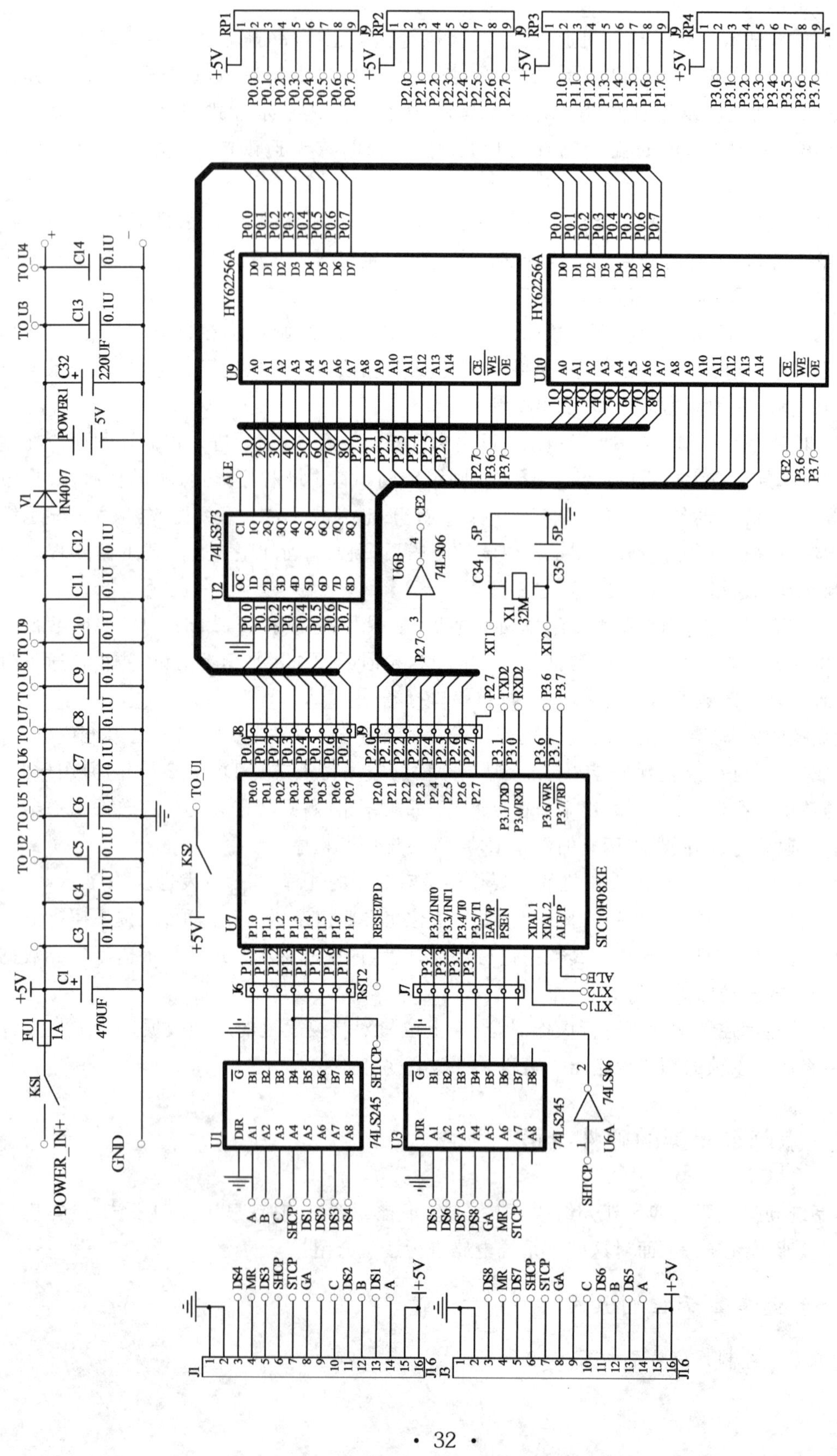

图3-2 文本显示控制系统总图

1. 微处理器电路

在点阵显示屏中,如果处理器运算速度不够快,则会在点阵数据显示中出现闪烁、抖动的现象,为了克服这一难点,用传统的 8051 单片机是远远不够的。在本设计中,采用了运算速度高的 STC10F 系列单片机。

为提高电路的稳定性,对 MCU 的每个 I/O 都加上拉电阻(图 3-3),RP1～RP4 为阻值 4.7kΩ 的上拉电阻。J1～J4 为排针,做电路测试用,在电路焊接时可考虑不接 J1～J4。REST 端接上电动/手动复位电路,XTAL1、XTAL2 接晶振电路,ALE 端接 373 总线锁存器的 LE 端,P3.6、P3.7 分别接外部 RAM 的 WE、OE 端,P3.0、P3.1 接通讯电路,P2.7 接外部 RAM 选通端,P0、P2 口做外部 RAM 的数据和地址线,P1 口和部分 P3 口及 EA 端、PESN 端作显示驱动端,接至驱动输出器 74LS245。STC10F 系列单片机还有一个优点是:能将 RST、EA、PESN、ALE 端作普通 I/O 使用,因此这里将 EA 端、PESN 端作显示驱动端。

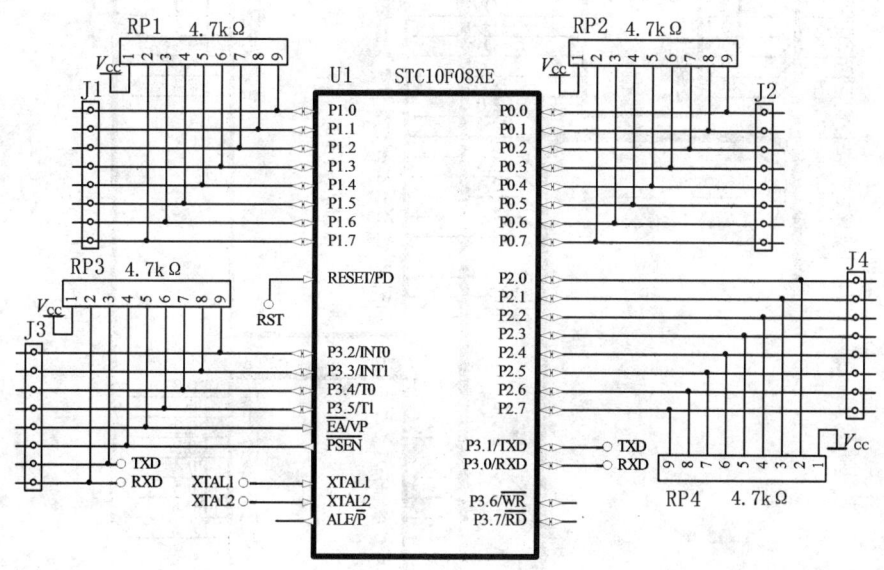

图 3-3 文本显示控制系统 STC10F 系列单片机主机电路图

2. 数据存储电路

在文本显示控制电路中,上位机传入的数据量比较大,就要扩展数据存储 RAM 电路,如图 3-4 所示。这里采用两片 62256,将数据存储容量扩展到 64KB,按 64×64 像素点阵字体为 512B 来算,我们最多能存储这样的文字 128 个,做一般简单的信息显示是足够了。电路中,将 P0、P2 口作外部 RAM 数据存取的数据线及地址线。由于 P0 口的驱动能力比较低,外界信号对其干扰比较容易,为此,在对 62256 进行数据读取中加 373 总线驱动器,在 373 总线驱动器中还有一个更为主要的作用是对数据的内容与地址进行区分,这样才能将正确的数据存入正确的地址中。74LS373 的 C1 端接单片机的 ALE 端。P2.7 端作外部 RAM 的片选信号,因为在数据传输过程中,首先要判断数据的存储地址;62256 芯片有一个片选信号端 CS 起片选作用,该端口低电平有效,通过它可以判断数据要存储的位置。由于

P2.7为数据地址的第16位控制端,我们将地址为1000000000000000以下的数据存放到第一片62256中(即图中的U9芯片)。1000000000000000刚好为32KB,这样数据不会溢出。将数据地址在1000000000000000以上的数据存放到第二片62256中(即图中的U10芯片中),将P2.7首先与U9存储芯片的CS相连,再将P2.7经反向器后与U10存储芯片的CS相连。我们不妨分析一下:当地址数据低于1000000000000000时,这时P2.7为0,U9选通,将数据存储到第一片存储器中;当地址数据高于1000000000000000时,这时P2.7为1,U10选通,将数据存储到第二片存储器中,这样就完成了数据的存储工作。数据的读取与存储一模一样,62256的WE、OE端分别为数据的读允许和写允许端,将这两端连接到单片机P3.6、P3.7即可。

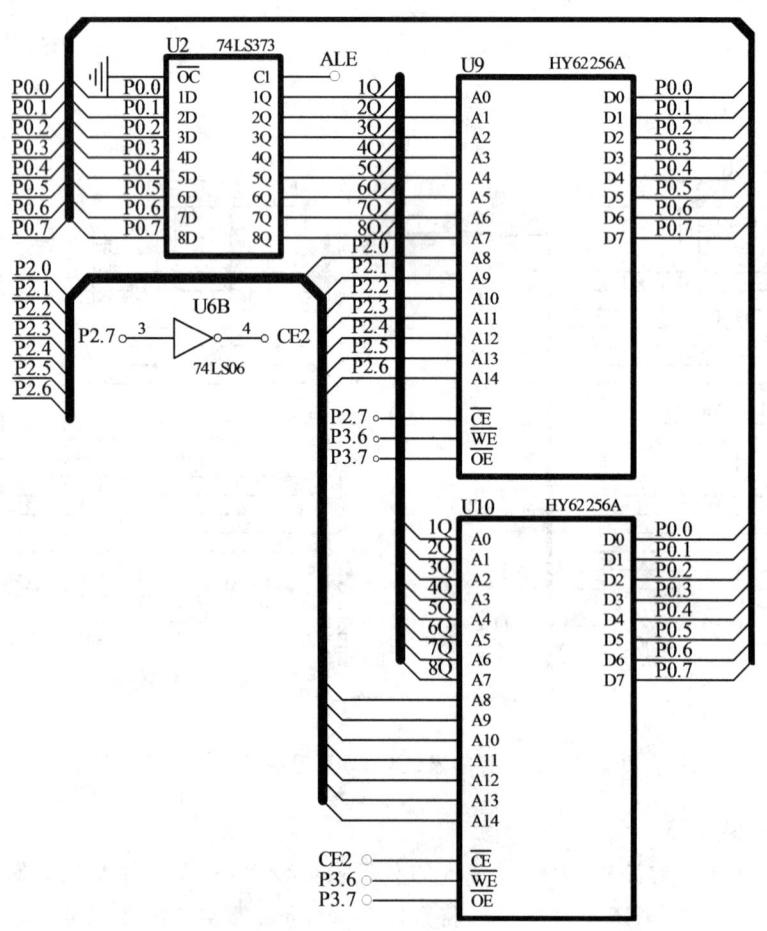

图3-4 外部RAM扩展电路

3. 驱动输出及接口电路

驱动输出及接口电路如图3-5所示。由于单片机I/O的最大单点输出电流只有20mA,如果用单片机普通I/O口直接驱动负载显然不合理。在本设计中,由于控制板要直接控制点阵显示模块,且模块有20块,每块模块中有负载芯片18片,为了提高驱动能力,在控制板的输出侧添加两片总线收发驱动器,型号为74LS245。74LS245的主要技术资料:工

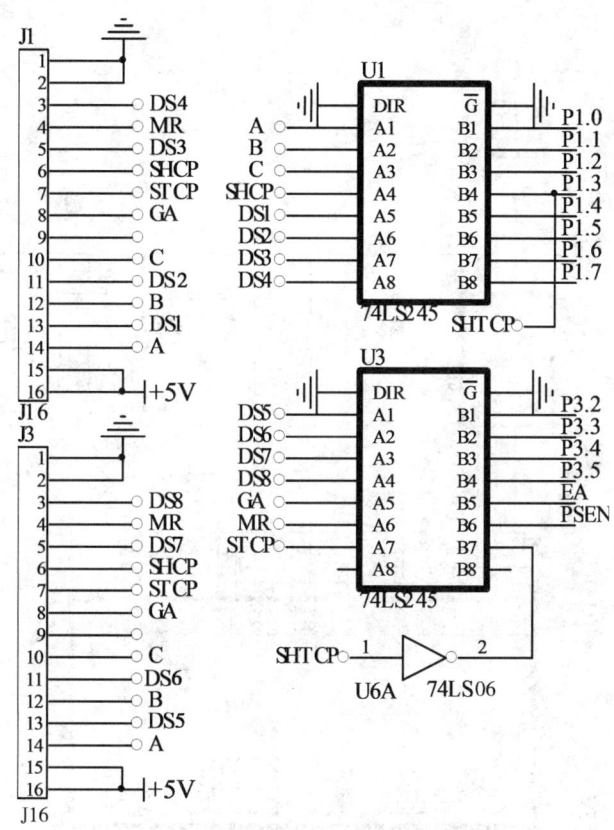

图 3-5 驱动输出及接口电路

作电压为 5V;高电平时最大输出电流为 15mA;低电平时最大输入电流为 50mA。

单片机将信号传入 74LS245 总线驱动器进行信号强度提升后,再传到接口电路,随后通过连接器送入点阵显示模块。单片机的 P1 口及部分 I/O 作点阵显示模块控制信号端,A、B、C 端接点阵模块的行驱动芯片 74LS138 的 A、B、C 端用于行驱动选择,GA 端接 74LS138 的 GA 端用于行选通允许(作显示消影)。DS1~DS8 分别接点阵显示模块的 4 行 74HC595 芯片的串行信号输入端,用于输入显示信号(这里用到 DS1~DS8 八个端点的原因是 32×32 点阵模块上下有两块,拼成 64×64 单元)。SHCP、STCP 接 74HC595 芯片的 SHCP、STCP 端,用于将从单片机传来的信号一位位移入 595 中,并作并行显示。MR 接 74HC595 芯片的 MR 端,用于数据复位,清除 595 内的数据(有关 595 芯片的资料见专述文章)。接口电路起控制模块与点阵模块的连接作用,图中 J1、J3 为连接口,连接线采用 16 排扁平排线。

(二) 时钟显示控制系统

时钟显示控制系统总图如图 3-6 所示。由于时钟显示控制与文本显示控制系统相类似,这里重点介绍时钟信号处理电路。

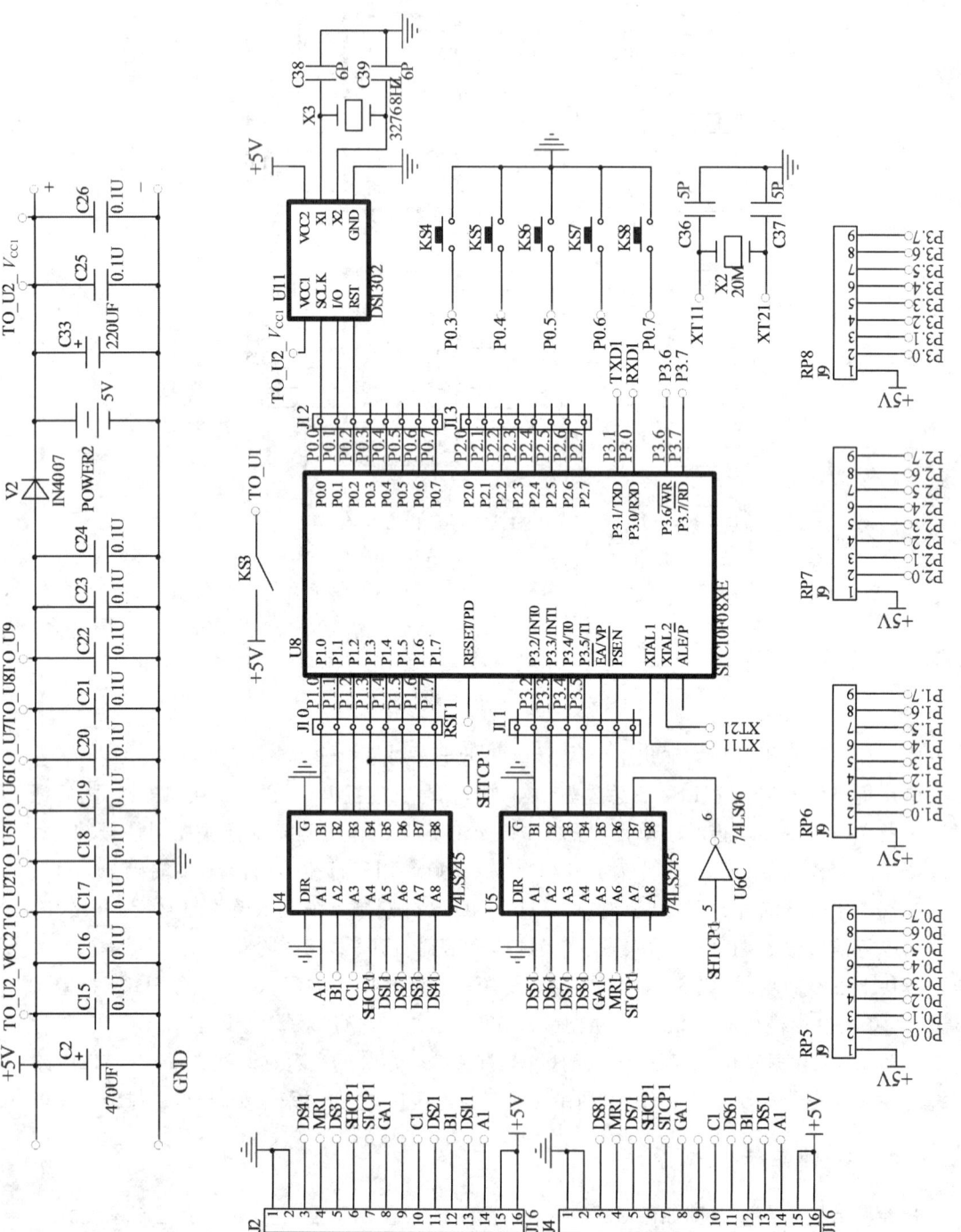

图 3-6 时钟显示控制系统总图

为了时间的准确性,用专用时钟芯片 DS1302 作时钟信号源。该芯片与晶振 32769Hz 配合产生时钟信号,能够自动地完成年/月/日/时/分/秒的进位,读写操作很方便。单片机只需接 3 根信号线就能完成对它的读写操作,时钟处理电路如图 3-7 所示。

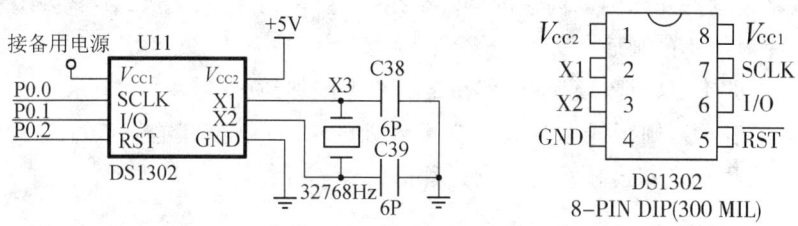

图 3-7 时钟处理电路

DS1302 是 DALLAS 公司推出的涓流充电时钟芯片,内含有一个实时时钟/日历和 31 字节静态 RAM,通过简单的串行接口与单片机进行通信。实时时钟/日历电路提供秒、分、时、日、日期、月、年的信息,每月的天数和闰年的天数可自动调整,时钟操作可通过 AM/PM 指示决定采用 24 或 12 小时格式。DS1302 与单片机之间采用同步串行的方式进行通信,仅需用到 3 根线:RES 复位线、I/O 数据线、SCLK 时钟线。DS1302 工作时功耗很低,保持数据和时钟信息时,功率小于 1mW。

(三) 点阵显示驱动电路

LED 点阵选用了半户外型 LED 点阵模块 GTM2088AOR,用行线作扫描线,列线作数据线,每行的显示占空比为静态情况下的 1/8,其结构及引脚图如图 3-8 所示。

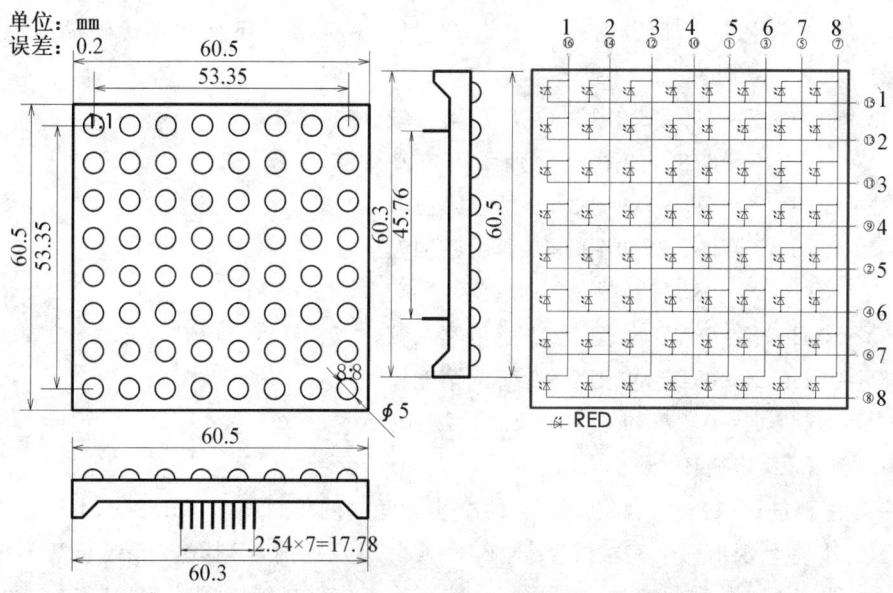

图 3-8 GTM2088AOR 点阵显示模块结构及引脚图

1. 点阵显示实现

LED 点阵显示系统中各模块的显示方式:有静态和动态显示两种。实际应用中一般采用动态显示方式,动态显示采用扫描的方式工作,由峰值较大的窄脉冲电压驱动,从上到下逐次不断地对显示屏各行进行选通,同时又向各列送出表示图形或文字信息的列数据信号,反复循环以上操作,就可显示各种图形或文字信息。这种显示方式巧妙地利用了人眼的视觉暂留特性,将连续的几帧画面高速的循环显示,只要帧的速率高于24f/s,人眼看起来就是一个完整的、相对静止的画面。

在这种形式的LED点阵模块中,若在某行线上施加高电平(用"1"表示),在某列线上施加低电平(用"0"表示),则行线和列线的交叉点处的LED就会有电流流过而发光。以显示字符"B"为例,其用动态扫描显示的控制过程如图3-9所示。

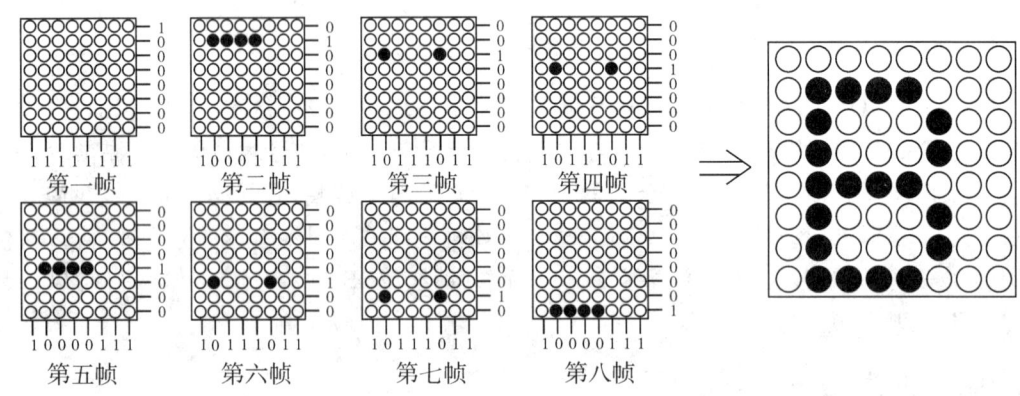

图3-9 用动态扫描显示字符"B"的控制过程

假设 X、Y 为两个 8 位宽的字节型数据,X 的每位对应 LED 模块的 8 根列线 X7~X0,同样 Y 的每位对应 LED 模块的 8 根行线 Y7~Y0。Y 行扫描线在每个时刻只有一根线为"1",即有效行选通电平,X 列数据线对应点阵化的字模数据。下面用伪代码描述动态显示的过程:

(1) Y=0x01,X=0xFF,如图 3-9 所示第一帧。
(2) Y=0x02,X=0x87,如图 3-9 所示第二帧。
(3) Y=0x04,X=0xBB,如图 3-9 所示第三帧。
(4) Y=0x08,X=0xBB,如图 3-9 所示第四帧。
(5) Y=0x10,X=0x87,如图 3-9 所示第五帧。
(6) Y=0x20,X=0xBB,如图 3-9 所示第六帧。
(7) Y=0x40,X=0xBB,如图 3-9 所示第七帧。
(8) Y=0x80,X=0x87,如图 3-9 所示第八帧。
(9) 跳到第(1)步循环。

如果高速地进行(1)~(9)的循环,且两个步骤间的间隔时间小于1/24s,由于视觉暂留,LED 显示屏上将呈现出一个完整的字符"B"。实际运用的时候列线和行线通常不止 8 位,还要根据列线和行线的数量来决定是用行线或列线来作扫描线。例如,0601 条屏(每行 6 个汉字,共 1 行),行线有 16 根,列线有 96 根。如果用列线来作扫描线,则每列 LED 在每 96 次循环扫描中只可能亮一次,其发光视觉平均亮度为直流亮度的 1/96。如果用行线来作扫描线,则每 16 次循环,每行 LED 就能亮一次,其发光视觉平均亮度为静态情况下的 1/16。

可见,用行线作扫描线,因为其发光周期的占空比较大,其视觉亮度是用列线作扫描线的6倍。在实际运用时,还要在每两帧之间加上合适的延时,能清晰的发光;在帧切换时还要加入余辉消除处理,送下一行列数据后再选通扫描线,以避免出现尾影。

2. 行驱动电路

单片机在复位期间,所有I/O口都呈现高电平,这时138译码器的输出端呈现高电平。采用PNP管共射电路作为行扫描线驱动,因PNP管导通要求其基极为低电平(图3-10),这就不会造成复位时所有行扫描电路都导通工作而形成的浪涌电流。

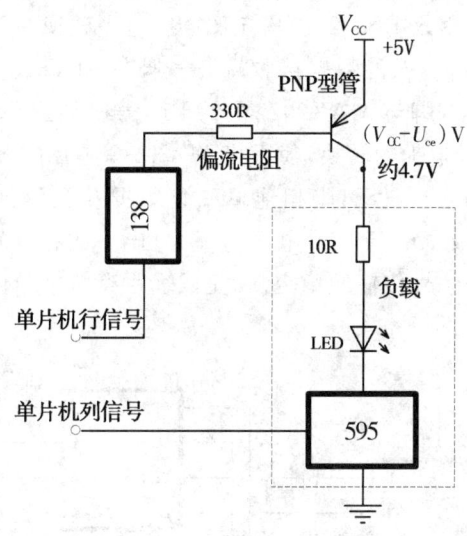

图3-10 行扫描三极管扩流电路

3. 列驱动电路

列驱动的原理是采用数据串行传输技术来实现,采用了专用移位寄存器74HC595芯片,多片595芯片串级相连,实现数据传输的扩展。列信号传输电路图如图3-11所示。

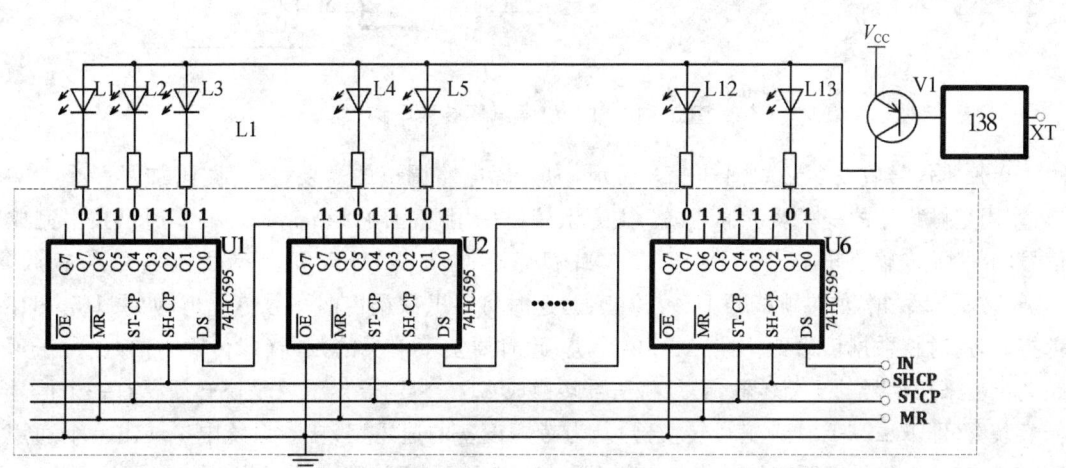

图3-11 列信号传输电路图

芯片U6的DS端为数据输入端。SHCP、STCP为时钟信号输入端,只有在SHCP、STCP的作用下,才能将信号传输进去。以一简单例子说明列驱动原理:如果在 IN 端有一个二进制数据:0110110110111010111011110111101110110110111111101 输入,通过 SHCP、STCP 信号的配合,使数据一位一位地移入 595 芯片中,随后将 XT 端置"0",使 V1 管导通。这样根据电路设计,数据为"0"处所接的发光二极管点亮,其余都处于熄灭状态,这同上述显示"B"字的原理相似。

(四) 通讯系统

通讯电路是单片机与 PC 机或者单片机与单片机数据传输的桥梁。图 3-12 所示为 PC 机端电平转换电路,主要作用是 RS232 电平与 RS485 电平转换。从 PC 机端的 DB9 串口头中引出两个通讯线,将 PC 串口头的数据接收端 2 号脚与 MAX232 芯片的 14 号脚相连,将 PC 串口头的数据发送端 3 号脚与 MAX232 芯片的 13 号脚相连;MAX232 芯片的主要作用是进行 RS232 电平与 TTL 电平的转换,随后将 MAX232 芯片的 11 号、12 号引脚分别与上下两块 MAX485 芯片的 1 号、4 号引脚相连,U1 作数据接收用,U3 作数据发送用。这里 MAX485 芯片的作用是完成 RS485 信号电平与 TTL 电平的相互转换。电路中 R9、R11 称为"终端电阻",作用是提高信号传输的稳定性,完成远距离信号的传输。

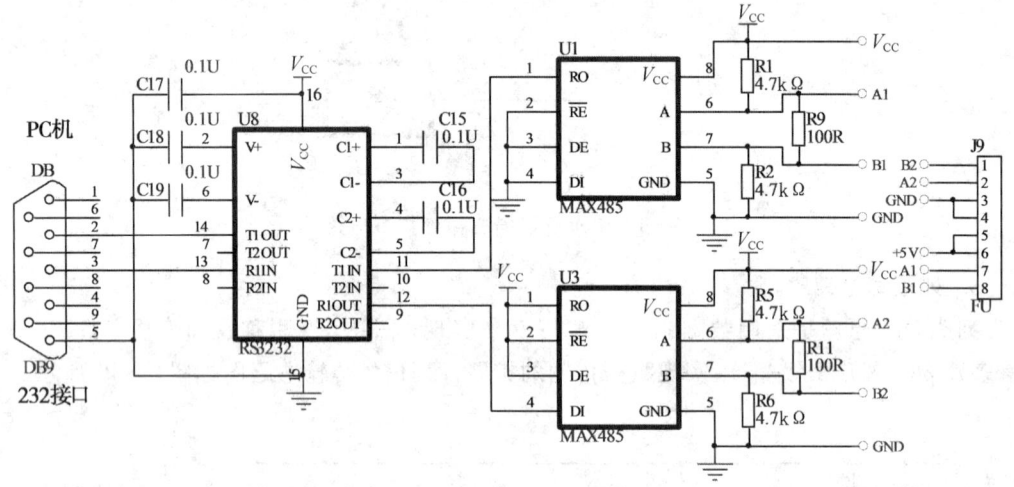

图 3-12 PC 机端电平转换电路

单片机信号收发电路如图 3-13 所示,为考虑电路调试的需要,本电路附加了一个 DB9 口,作用是做程序的烧写及设备调试。主通讯接口采用通用网口结合 RS-485 通讯技术完成信号的平衡传输。电路中,U12 负责单片机信号的发送,D13 负责单片机信号的接收。J15~J22 是跳线帽,如果跳线帽 J15、J16 接通,这时将通讯数据传向一号单片机;如果 J15~J18 都接通,这时将数据传输到一号、二号单片机,此时要负责信号的判断(即传输方向)。由于远距离传输采用信号的平衡传输,必须将信号转换成 RS-485 信号,也就是说必须要有一个信号转换装置(即 RS232-RS485 信号转换器)。为考虑设备的通用型,在本系统中扩展出一个通用 RS232 接口,为信号短距离传输提供方便,同时该口也可以用作程序烧入的写口。

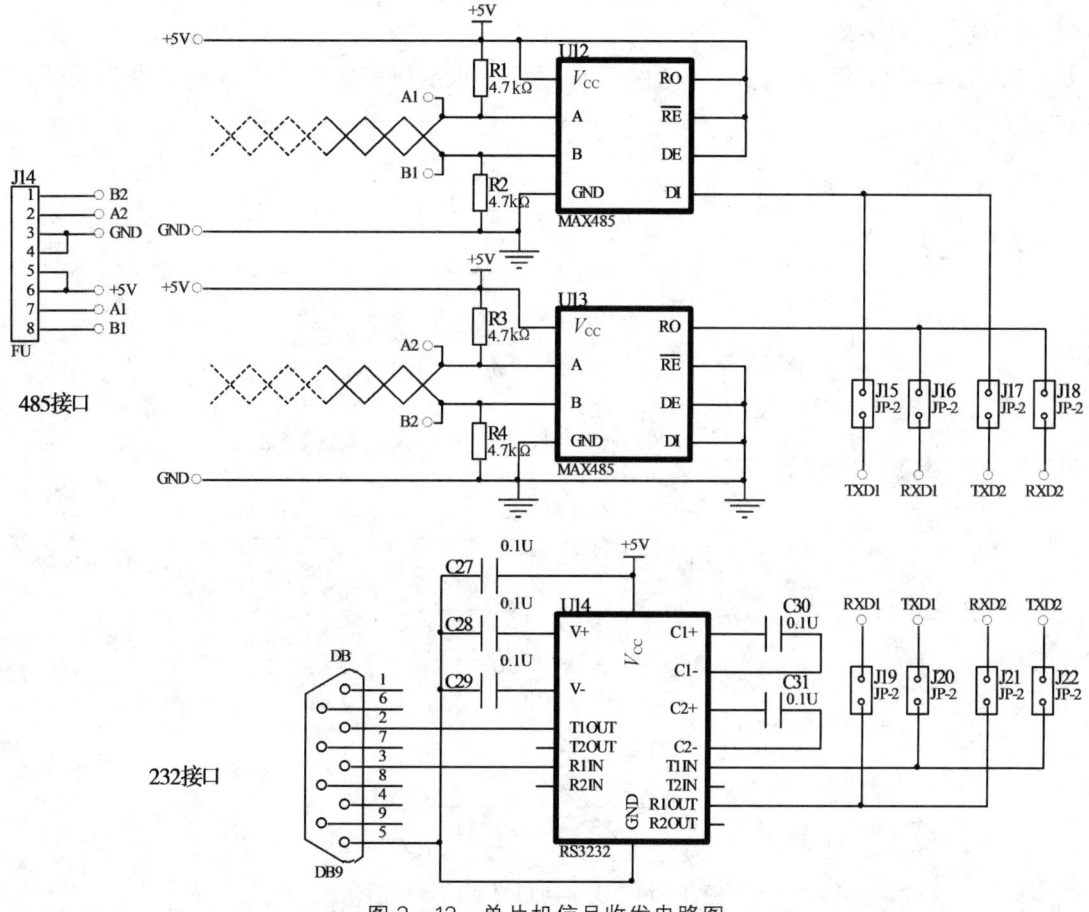

图 3-13 单片机信号收发电路图

三、点阵显示屏的软件设计

点阵显示屏的软件分为 PC 上位机编译软件和 MCU 下位机实时控制软件。由于软件程序较长,这里以流程图为主进行简略介绍。

(一) 上位机软件的设计

上位机软件为 BNJX-WNX 点阵显示屏数据下载专用软件,开发采用 Visual Basic(简称 VB)6.0 平台,它具有以下两个最重要的特点:

(1) VB 采用了面向对象的程序设计思想。它的基本思路是把复杂的程序设计问题解为一个个能够完成独立功能的相对简单的对象集合。所谓"对象"就是一个可操作的实体,如窗体、窗体中的命令按钮、标签、文本框等。

(2) 事件驱动。在 Windows 环境下,程序是以事件驱动方式运行的,每个对象都能响应多个不同的事件,每个事件都能驱动某段代码——事件过程,该代码决定了对象的功能,通常称这种机制为事件驱动。事件可由用户的操作触发,也可以由系统或应用程序触发。

BNJX-WNX 点阵显示屏数据下载专用软件是专门为这套设备量身定制的专用软件,软件能实现汉字字模提取、字模数据传输、时钟数据修改等操作。

1. 汉字字模提取

汉字字模提取的流程图如图 3-14 所示，主要有汉字取模事件、打开文件事件和保存文件事件。

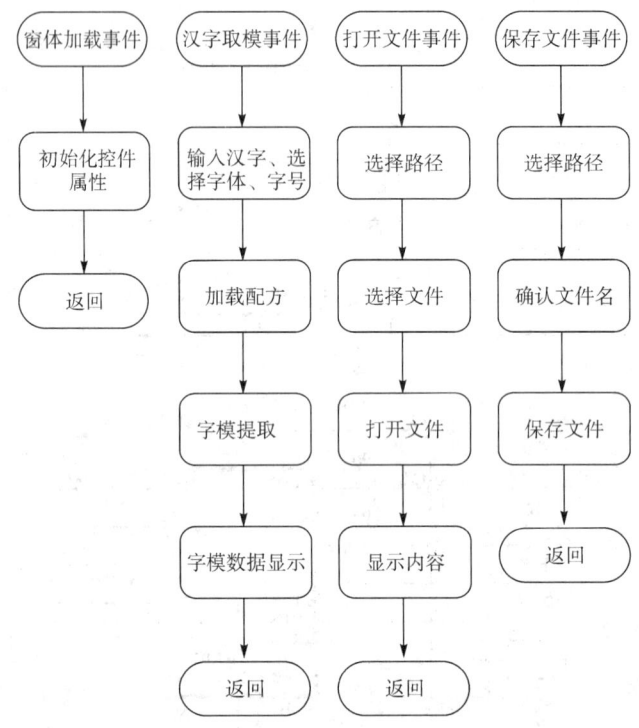

图 3-14　汉字字模提取的流程图

（1）汉字取模事件。用到了几个比较重要的函数有：

① Createfont()函数。Createfont()函数是数据 API 函数，VB 程序设计软件可以调用 VB 自身所带的函数外，还可以调用其他外接函数。Createfont()函数属于 Windows 系统函数的一种，该函数的作用是确定字体的样式、大小、颜色等内容，简单地说该函数的作用是造字。

② SelectObject()函数。SelectObject()函数也是 Windows 系统函数的一种，将确认好的字体格式（即配方）装载到图片控件中去。

③ Textout()函数。Textout()函数同样是 API 函数。Textout()函数的作用是将指定的内容显示出来。

④ 字模提取。将汉字配方下载到 Picturebox 控件中后，在 Picturebox 显示界面上会形成用户想要的字体，随后对每一小框格（像素）进行颜色判断，在显示为黄色的地方标记"1"，在显示棕色的地方标记为"0"，这样就能将汉字信息（图片信息）转化成二进制代码了。随后将这些二进制文件进行数据打包（8 个位为 1 个字节），存入专用数组中，这些数据能在二进制数据显示框中显示出来，同时可以通过用户进行保存或者数据发送，字模提取的案例如图 3-15 所示的汉字取模界面。

（2）打开文件事件。打开文件一般用到 Commondialog 控件。Commondialog 控件多数

图 3-15 汉字取模界面

用在文件的打开、保存,字体的选择,颜色的选择等操作中,本软件打开文件事件也采用了 Commondialog 控件。下述程序是打开一个 TXT 文件程序,简要说明:

Private Sub 打开文件 txt_Click() '打开 TET 文件
    On Error GoTo Err_Handle '有错误就跳至 ERR_HANDLE
    With CommonDialog1
        .MaxFileSize=100
        .CancelError=True
        .Filter="文件类型(*.txt)|*.txt" '打开文件的类型为文本型
        .DialogTitle="请选择一个 txt 格式文件" '界面标题为"请选择一个 txt 格式文件"
        .InitDir="C:\" '文件的地址为 c:\
        .Flags=cdlOFNFileMustExist Or cdlOFNReadOnly '确认文件的属性"所有类型"
    End With
    Dim filename As String
    CommonDialog1.ShowOpen 'commondialog 的运行当时为打开文件"
    filename=CommonDialog1.filename '保存的文件名送给 filename 中
    RichTextBox1.Text="" '清除文字输入区的内容
    If (Len(filename) > 0) Then '打开文件的文件名是否正确
        RichTextBox1.LoadFile (filename) '打开文件
    End If
    Exit Sub
Err_Handle: '有错误则结束

```
        MsgBox Err.Description
        Exit Sub
    End Sub
```

(3) 保存文件事件。保存文件采用的是 Commondialog 控件，下述程序段为保存一个 TXT 类型文件。

```
Private Sub 保存文件 txt_Click() '保存 TET 文件
On Error GoTo Err_Handle '有错误就跳至 ERR_HANDLE
    With CommonDialog1
        .DialogTitle="保存文件" '界面标题为"保存文本文件"
        .Filter="文件类型(*.txt)|*.txt" '保存文件的类型为文本型
        .DefaultExt="txt" '加后缀名为"txt"
        .Flags=cdlOFNHideReadOnly Or cdlOFNOverwritePrompt '确认文件的属性
```
"所有类型"，即：隐藏 OR 只读 OR 只写…
```
    End With
    CommonDialog1.ShowSave 'commondialog 的运行当时为"保存文件"
    newfilename=CommonDialog1.filename '保存的文件名送给 newfilename 中
    If (Len(newfilename)>0) Then '保存文件的文件名是否正确
        RichTextBox1.SaveFile (newfilename) '保存文件
    End If
    Exit Sub
Err_Handle: '有错误则结束
    MsgBox Err.Description
    Exit Sub
End Sub
```

2. 字模数据传输

数据传输的流程如图 3-16 所示，主要用到 Mscomm 控件和 Timer 控件。

(1) Mscomm 控件的使用。VB 的 Mscomm 通信控件具有丰富的与串口通信密切相关的属性及事件，提供了一系列标准通信命令的接口，可以用它创建全双工的、事件驱动的、高效实用的通信程序。

(2) Timer 控件的使用。Timer 控件最简单的应用是用作定时。由于数据的传输需要有一定的间隔时间，否则，方式数据会丢失；方式数据在传输过程中会造成数据堵塞现象。在本设计中，应用定时器(Timer)控件对数据进行间隔传输。Timer 控件的 Enabled 属性用来开启定时器；Interval 属性是确认所延时的时间(单位是 ms)。

如图 3-17 所示为汉字数据传输界面。

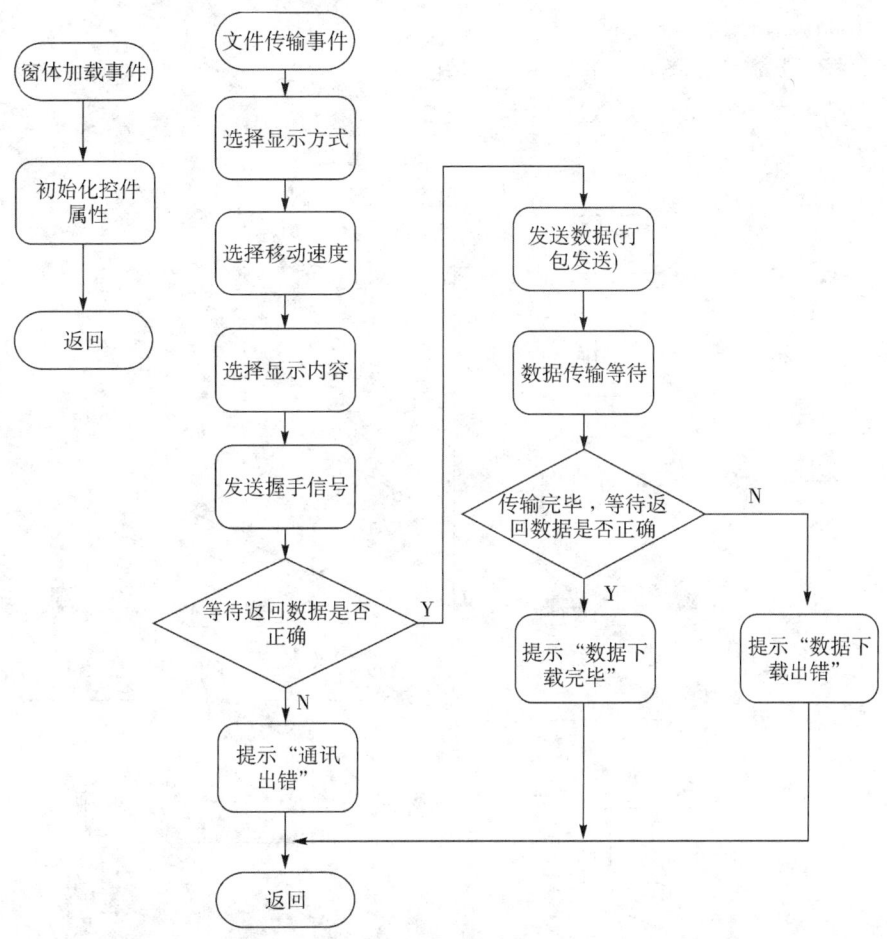

图 3-16 数据传输流程图

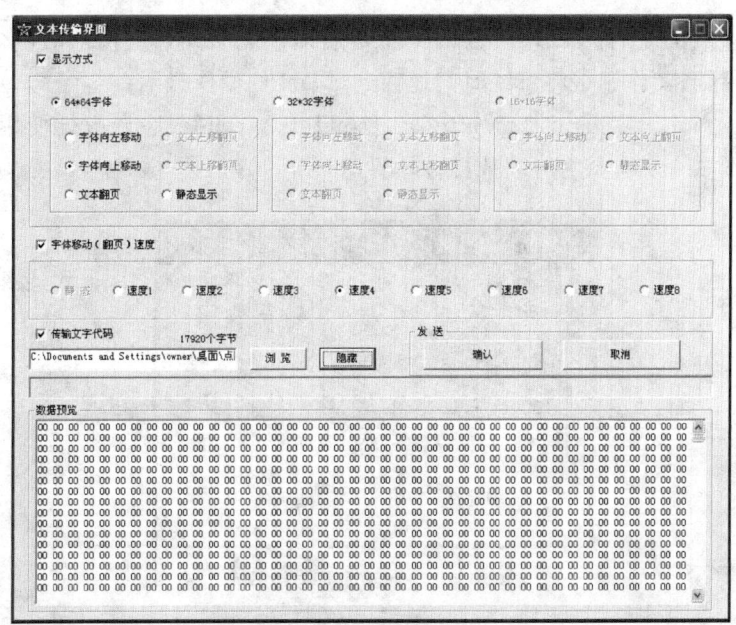

图 3-17 汉字数据传输界面

3. 时钟数据传输

时钟数据下载流程如图 3-18 所示，主要用到 Now 函数和 year()、month()、day()、minute()、second()、Weekday()函数。

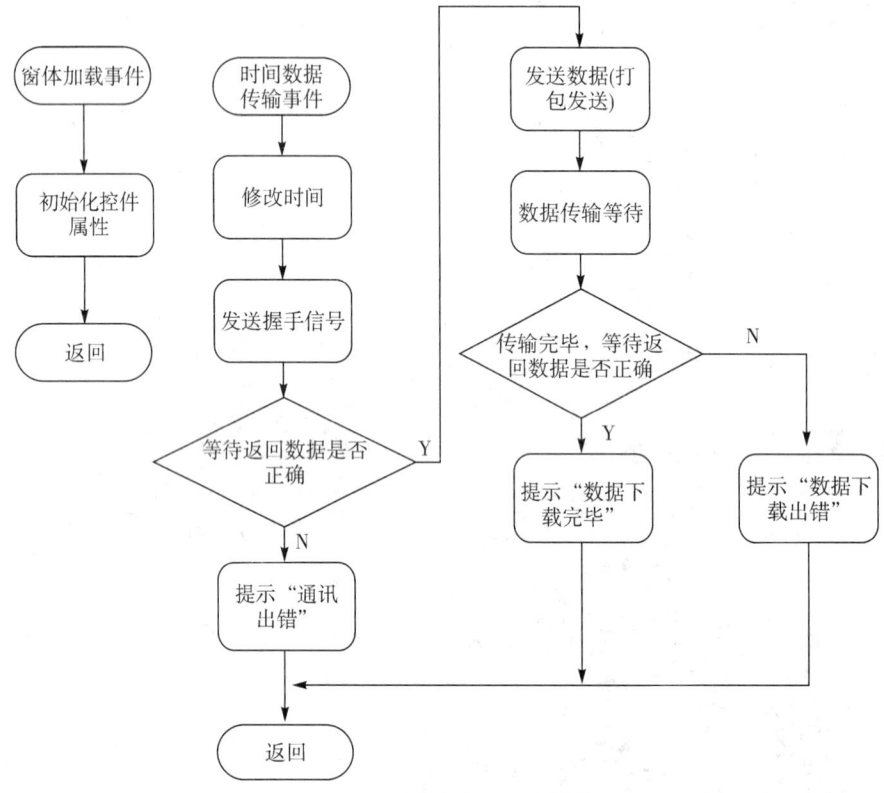

图 3-18 时钟数据下载流程图

（1）Now 函数的使用。Now 函数的作用是返回系统时间。返回的时间内容为年、月、日、时、分、秒、星期，其作用是将系统时间返回到 Label 控件作显示。

（2）year()、month()、day()、minute()、second()、Weekday()函数的使用，返回系统时间中的时间。图 3-19 所示为时间数据传输界面。

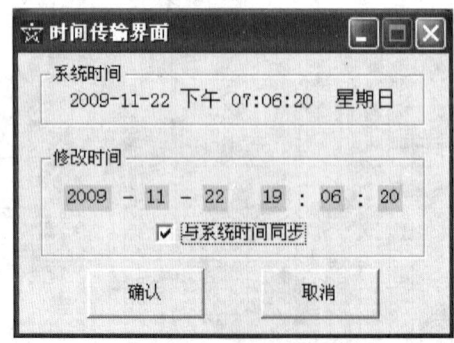

图 3-19 时间数据传输界面

4. 其他界面简介

PC 上位机还有一些附加界面,能给用户在操作中带来方便。

(1) 软件启动界面,如图 3-20 所示。在软件运行开始时导入,提示用户程序已经在运行。

图 3-20 软件启动界面

(2) 系统波特率界面,如图 3-21 所示。此界面只提供给用户查看,不能修改通讯串口信息。

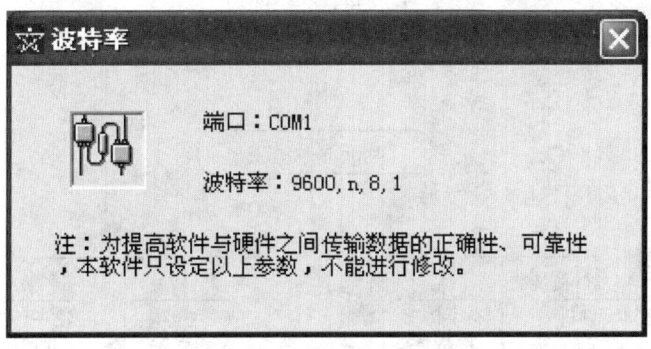

图 3-21 系统波特率界面

(3) 系统通讯协议界面,如图 3-22 所示。此界面只提供给用户查看,不能修改通讯协议的信息。

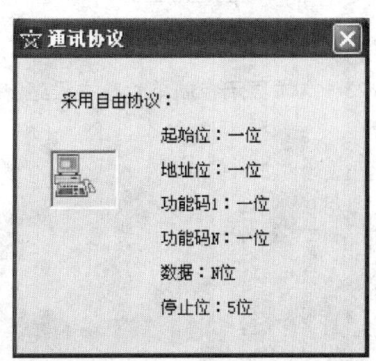

图 3-22 系统通讯协议界面

（二）下位机软件的设计

由于 LED 点阵显示屏中采用两片单片机分别独立的对时钟和文本显示屏控制。因此下位机软件有两段程序，即文本显示控制系统程序和时钟显示控制系统程序。图 3-23 所示为文本显示控制单片机主程序流程。图 3-24 为文本显示控制单片机串口数据处理流程，其作用为判断、接收数据。图 3-25 所示为时钟显示控制单片机主程序流程。

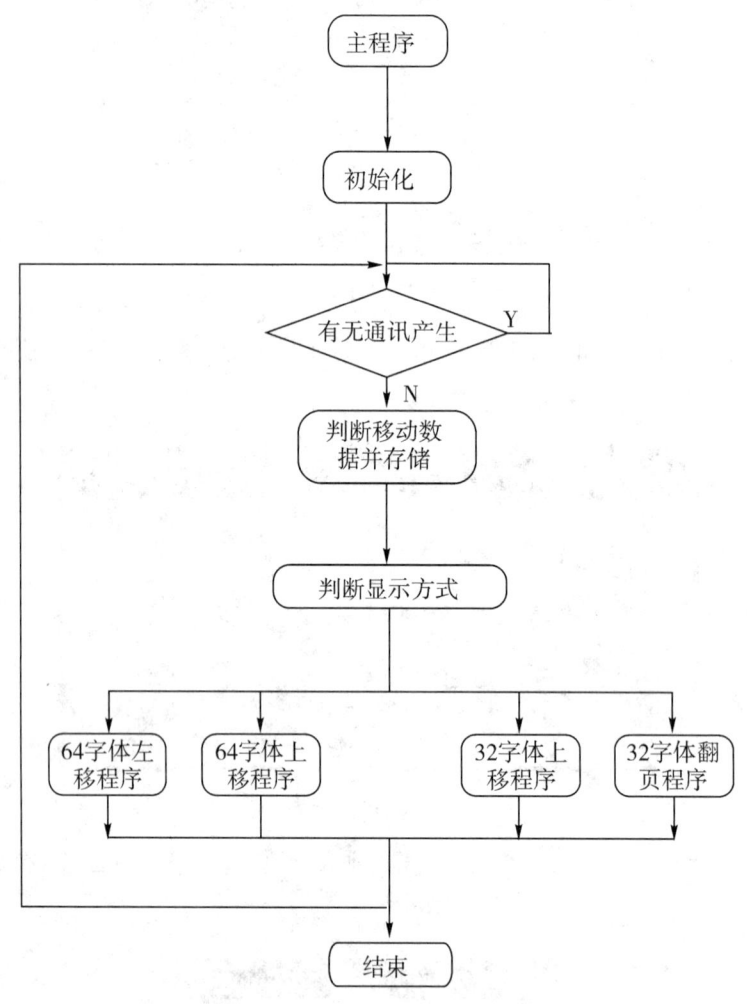

图 3-23　文本显示控制单片机主程序流程图

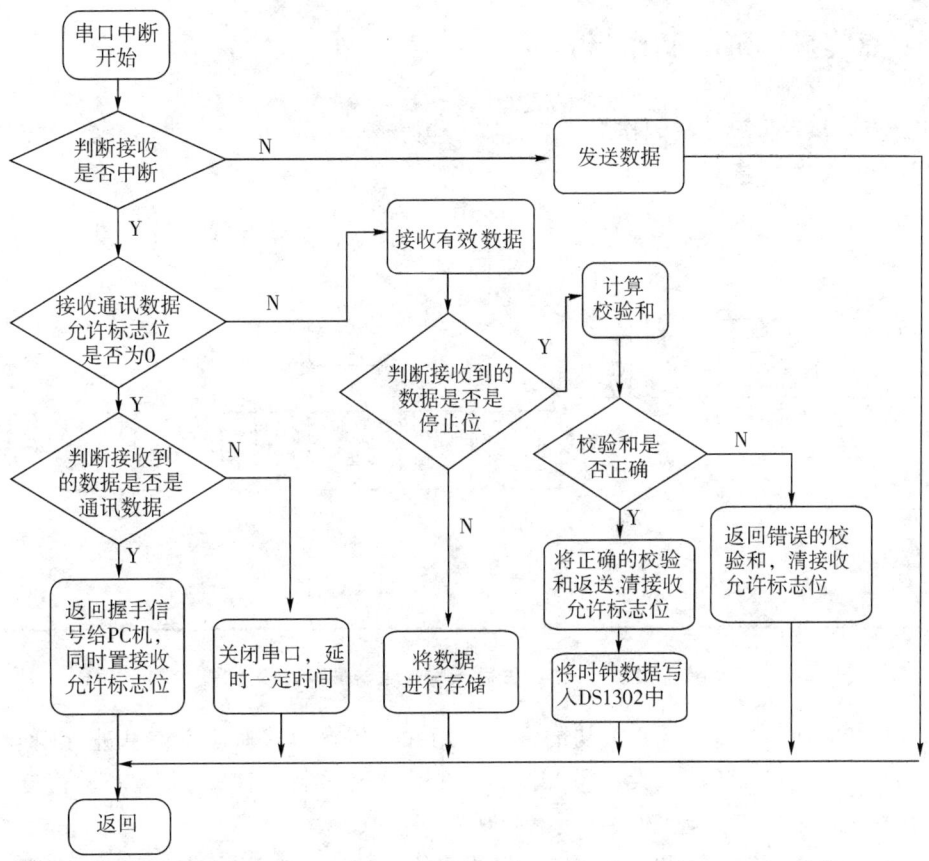

图 3-24　文本显示控制单片机串口数据处理流程图

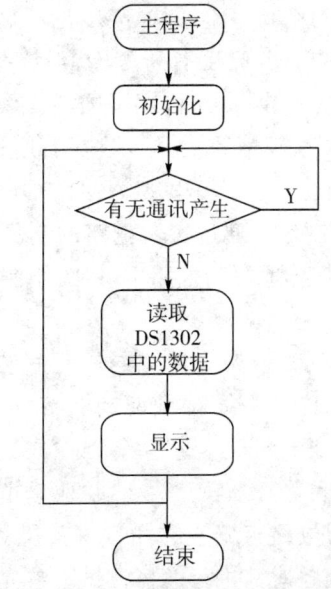

图 3-25　时钟显示控制单片机主程序流程图

四、点阵显示屏的制作与调试

LED点阵显示屏设计与制作由三名同学合作完成,图3-26所示为本装置制作与调试的全过程。

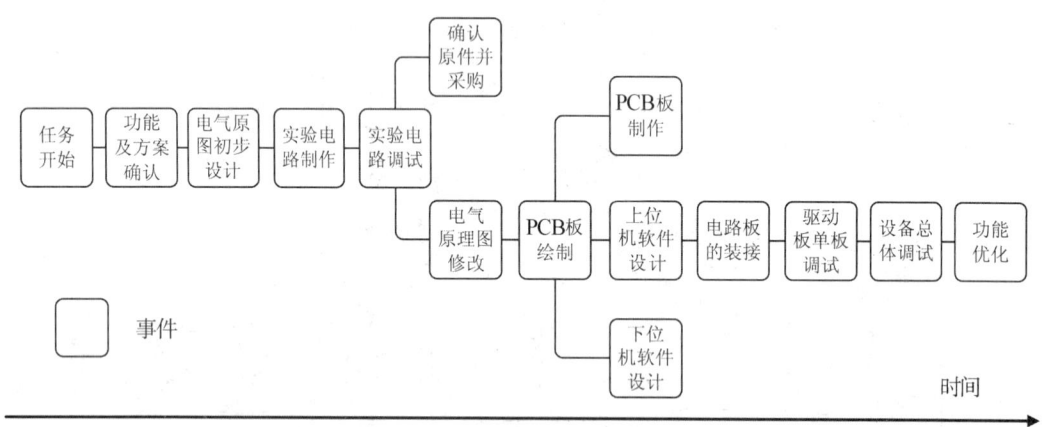

图3-26 LED点阵显示屏制作与调试过程图

(1) 电气原理图初步设计。最初的设计是用并口传输模式对汉字信息进行显示,但存在两个问题:① 点阵屏的面积大。② 单片机的I/O受到限制。后来采用串行数据传输方式对汉字信息进行显示,基本上解决了上述问题。

(2) 实验电路制作与调试。制作实验板的目的是验证初步设计是否可行。我们采用了16片8×8点阵模块拼接成一块大小为32×32像素的点阵屏,经实验证明基本可行,但缺点在于:显示数据不够快,即点阵屏的刷新率不够快,亮度也不够。于是,我们将采用的行扫描方式由原先的1/16扫描改为1/8扫描,亮度有所好转,但屏幕的刷新率仍不够。最后提出更换单片机,采用STC高处理速度单片机,经再次调试,效果明显好了很多。为了让效果更佳,我们将原先的12MHz晶振改为32MHz晶振,基本上达到了想要的效果。解决了速度问题后,点阵屏显示亮度有所好转,采用GTM2088AOR户外型点阵后效果更好。

(3) 原理图与PCB板绘制及制作。通过实验电路的制作与调试后,再次对电气线路进行修改,然后绘制PCB图。将点阵显示驱动电路PCB图绘制出来后,经多次检查将图纸发生产厂家制作PCB板。

(4) 电路板的装接及单板调试。首先我们花一周时间装了一块电路板并对其进行测试,以判断PCB板是否正确,随后装接其余20块驱动电路板。

点阵驱动电路板装接完毕后进行调试,我们采取的方式是:先单板调试,后总体调试。单板调试发现其中3块驱动板有问题,我们则对这3块驱动电路板进行检修。

(5) 总体调试。将20块驱动电路板安装在角铁框架上,用螺丝紧固。安装上控制板,接上电源,传入程序,导入数据,准备对其进行总体调试。首先进行功能调试(简单的定格显示),存在显示内容不够理想,在屏幕上有许多乱码显示。经对故障进行检查,诊断为硬件故障,即信号驱动能力不够,于是决定在每块驱动板之间加总线驱动器,经再次调试后显示效果较好，LED点阵显示屏实物效果如图3-27所示。

图3-27　LED点阵显示屏实物效果图

项目四　农用智能大棚控制器的研制

随着现代农业的快速发展，大棚种植技术得到了越来越多的应用。温室大棚的原理是通过温室效应促使棚内植物快速生长，缩短生长周期并提高产量。但棚内过高的温度和湿度容易导致严重的虫灾和霉病，给农业种植户造成巨大损失。因此，迫切需要一种功能全面、成本低廉、简单实用的智能大棚控制器，能够根据需要自动调节棚内的温度和湿度，并能对一些突发情况进行预警和处理，从而有效提高棚内植物产量和生长质量，降低农业种植的管理难度，实现增产增收。本项目已经在实际生产中得以应用，智能大棚控制器的主要功能如下：

(1) 根据用户设定的温度和湿度控制大棚的开/关通风，间接控制温度和湿度。
(2) 能监测电机是否发生堵转，并实现保护。
(3) 能对雨水、大风等异常天气进行监测，从而控制大棚的风机开关。
(4) 能对异常情况进行监测，通过 GSM 模块向户主发送报警短信。
(5) 户主在室内可通过无线遥控器控制大棚的风机开关。
(6) 系统具备掉电参数保存能力，预留 485 接口以及其他传感器接口。

一、智能大棚控制器的硬件电路

智能大棚控制器的硬件主要包括主控单片机、温度传感电路、湿度测量电路、电机驱动电路、电机电流检测电路、雨水和风速传感电路、315M 无线遥控电路、短信发送电路以及时钟和参数存储电路等，其电路结构框图如图 4-1 所示，实物图如 4-2 所示。

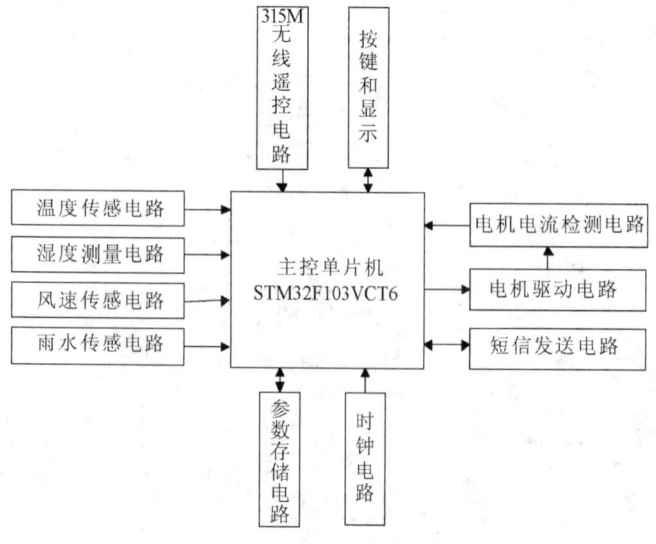

图 4-1　智能大棚控制器电路结构框图

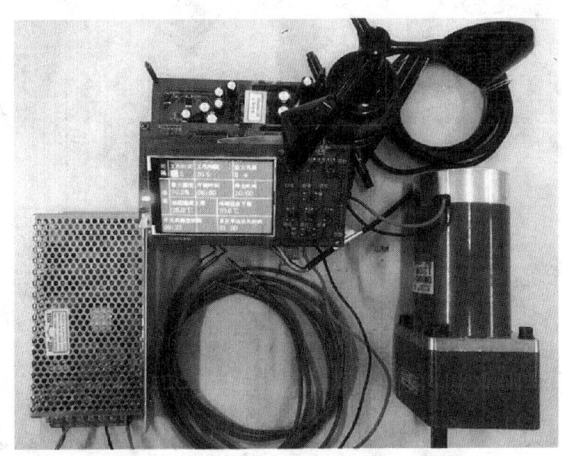

图 4-2 智能大棚控制器实物图

（一）主控芯片

本项目主控芯片采用意法半导体(ST)公司出品的 STM32F103VCT6 单片机，该单片机具有性能高、成本低以及功耗低的优点，其内核为 Cortex－M3，主要性能有：

（1）内核方面：ARM 32 位的 Cortex－M3，最高工作频率 72MHz，具有强大的单周期乘法和硬件除法，内核在存储器的 0 等待周期可达 1.25DMips/MHz 的访问性能。

（2）存储方面：具有 128KB 的片上 Flash 以及 20KB 的 SRAM。

（3）外设方面：支持定时器、ADC、SPI、USB、I2C 和 UART 功能，具有 80 个最高翻转速率为 50MHz 的 I/O 口。具有 2 个 I2C 接口，3 个 USART 接口，2 个 SPI 接口(18Mbps)；具有 2 个 12 位的高速 ADC 转换模块(多达 16 个输入通道)。

（4）功耗方面：具备睡眠、停机和待机模式，采用 VBAT 引脚为 RTC 和后备寄存器供电；2.0～3.6V 宽电压供电，多数管脚能够容忍 5V 电压输入。

（5）调试方面：支持 4 线制 SWD 单线调试和 20 针 JTAG 接口调试。

（6）其他资源：多达 8 个内部定时器，拥有一个 7 通道 DMA 控制器。

STM32F103VCT6 单片机的外围电路如图 4-3 所示，端口引脚分配见下表。

STM32F103VCT6 单片机端口引脚分配表

功能	引脚	功能	引脚
温度传感输入	PA4、PA5、PA6	设置按钮	PC0～PC7
湿度测量输入	PB5	存储器	PE5、PE6
风速传感输入	PD2	时钟	PC9、PC10
雨水传感输入	PB0	门电机输出	PB8、PB9
遥控器输入	PE0～PE4	短信输出	PA12、PB10、PB11、PC13
电机电流检测	PB1	预留 485 接口	PA1～PA3
显示屏输出	PD0～PD1、PD4～PD5、PD7～PD12、PD14～PD15、PE7～PE15		

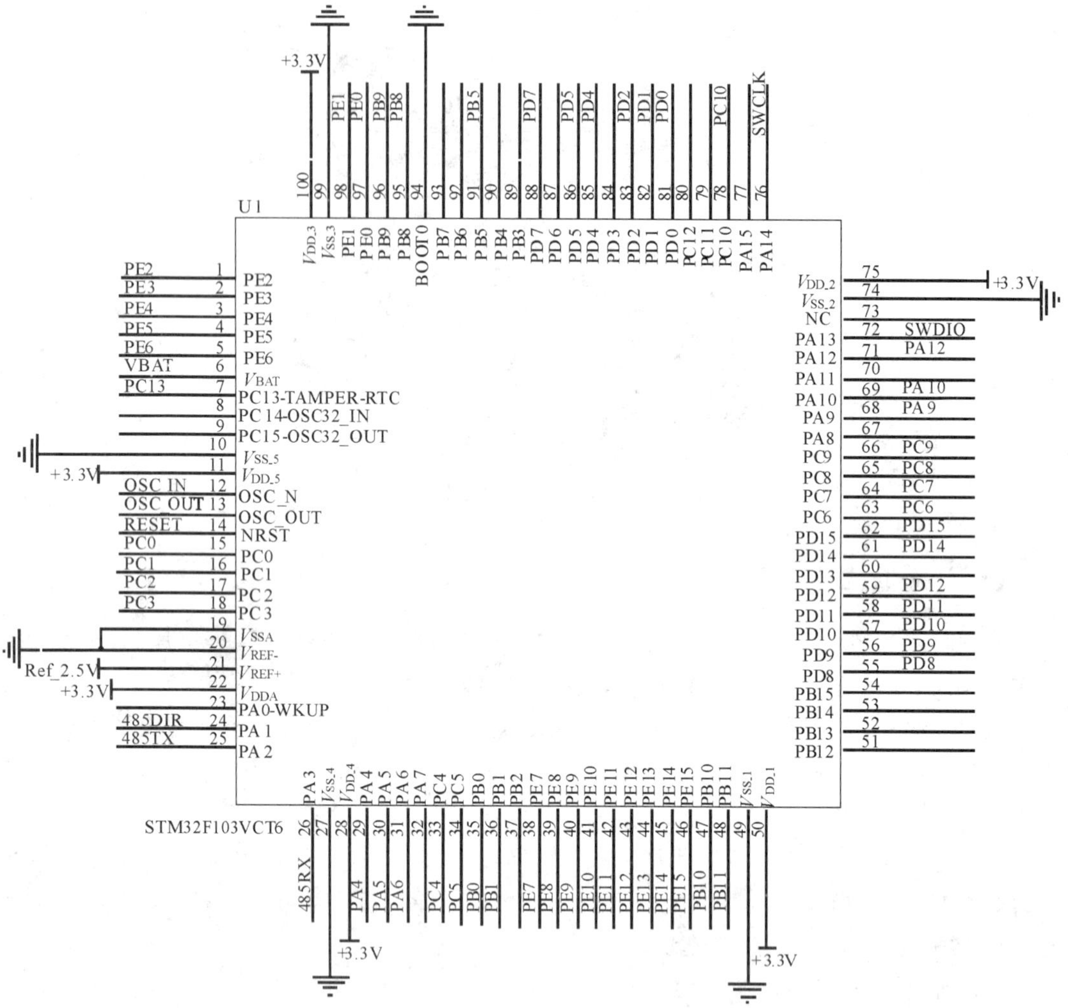

图 4-3 STM32F103VCT6 单片机的外围电路

（二）温度传感电路

铂电阻温度传感器是利用其电阻和温度成一定函数关系而制成的温度传感器。PT100 由于其测量准确度高、测量范围大、示值复现性和稳定性好等优点，被广泛用于中温范围（-200～650℃）的温度测量中。常用的铂电阻接法有三线制和两线制，其中三线制接法的优点是将 PT100 的两侧相等的导线长度分别加在两侧的桥臂上，可以大大减小由于导线电阻造成的测量误差，其实物如图 4-4 所示。

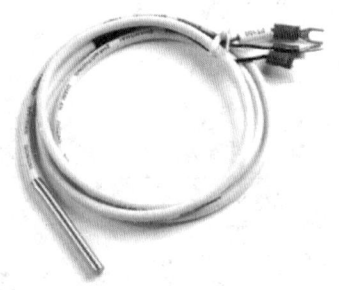

图 4-4 PT100 铂热电阻实物图

PT100 铂热电阻测温原理如图 4-5 所示,将 PT100 的红线和蓝线分别接入到电路的两个桥臂,另一根蓝线则连接到地。PT100 是一个正温度系数的温度传感器,其阻值随着温度的升高而增大,在 0℃ 的时候阻值为 100Ω,因此通常在另一个桥臂即图中 R64 的电阻选值为 100Ω。当然也可以根据实际需求将 R64 选择为其他阻值,用以调节运放差分信号输入的"零点"。这里的"零点"的意思是当输入运放的差分信号电压为 0V 时,PT100 探头所处环境的温度值。显然,假如将 R64 取值小于 100Ω,则当输入运放的差分信号电压恰好为 0V 时,PT100 的阻值是小于 100Ω 的,也就是外部探头所处的温度是低于 0℃ 的,相当于将"零点"温度往下调整了。

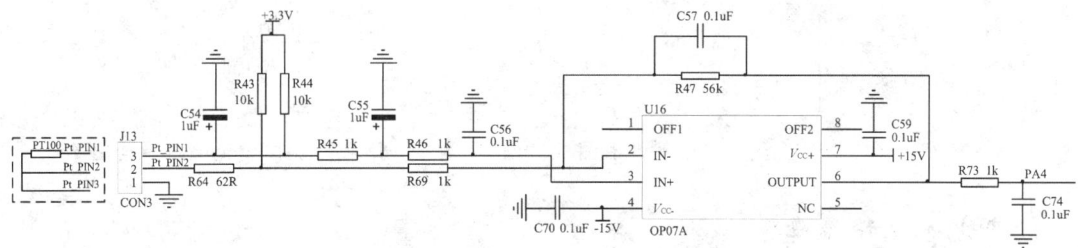

图 4-5 PT100 铂热电阻测温原理图

热电阻电桥由阻值为 R_{PT} 的 PT100 与 R44 组成一个桥臂,R43 与 R64 组成另一个桥臂,电桥输出差分信号 V_d 计算公式为:

$$V_d = \left(\frac{R_{PT}}{R44+R_{PT}}\right) - \frac{R64}{R64+R43} \cdot V_{ref} \qquad (4-1)$$

$$R_{PT} = 100 \cdot (1+At) \qquad (4-2)$$

公式 4-1 中 V_{ref} 为电桥工作电压,电压值为 3.3V;R_{PT} 为 PT100 热电阻,阻值随温度 t 变化;公式 4-2 中 A 的取值为 0.00390802,本项目温度测量允许误差为 1~2℃,忽略热电阻的非线性因素,因此用公式换算法可计算出大棚温度值。

通常 V_d 是毫伏级电压,因此需要运算放大器 OP07A 放大,再输入单片机进行 A/D 换算,模拟信号放大倍数近似为图 4-5 中 R47 与 R69 的比值。

(三)湿度测量电路

当棚内湿度过高时,大棚需要通风排潮。本项目采用 DHT11 湿度传感器实时监测,该传感器体积小、响应迅速、性价比高,可同时测量温度和湿度,而且以数字信号输出,因此可以和单片机直接进行通信。该传感器的主要性能参数为:

(1) 工作电压为 3~5.5V,通常 5V 供电。
(2) 功耗小,在正常测量状态时电流在 0.5~2.5mA 之间。
(3) 同时具备测量湿度和温度,湿度范围为 20%~90%RH,测湿精度为 ±5%RH;测温范围为 0~50℃,测温精度为 ±2℃;
(4) 单数据总线数字信号输出,编码方式为 8 位二进制数,读取数据便捷。
(5) 40bits 二进制数据输出。其中湿度整数和温度整数各为 1Byte,湿度小数和温度小数也各为 1Byte,数据传输中湿度在前,最后 1Byte 为校验和。

DHT11湿度传感器外形如图4-6所示，电路原理如图4-7所示。传感器与单片机引脚连接时，在数据总线上增加一个上拉电阻以增强数据传输的稳定性，当连接线长度小于20m时可以采用5kΩ的上拉电阻。

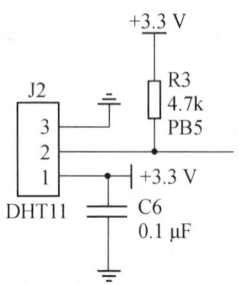

图4-6　DHT11湿度传感器外形图　　　图4-7　DHT11湿度测量电路原理图

（四）风速传感电路

如果在大风天气时应将大棚关闭，因此控制系统需要对外界的风速进行检测。本项目选用型号为YGC-FS-5V-M的风速传感器，采用传统三风杯结构，强度高，启动风速小。其主要性能参数有：

（1）5V供电，工作电压≤100mW。

（2）灵敏度高，启动风速≤0.5m/s。

（3）精度高，测量风速可达±(0.3+0.03)m/s。

（4）测量范围宽，可测风速范围为0～70m/s。

（5）串口信号输出可选电压或电流信号，串口信号可选RS232或485输出。

风速传感器的外形如图4-8所示，风速传感器输出信号经过TL181光电耦合器，进入单片机，可以实现两者的电气隔离，并抑制一些可能影响测量结果的噪声干扰信号，其电路原理如图4-9所示。

图4-8　风速传感器外形图

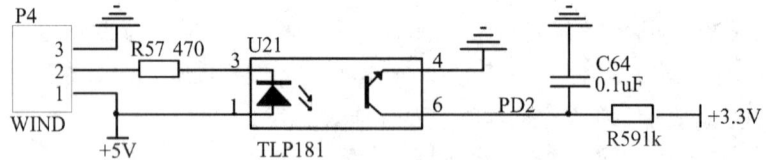

图4-9　风速传感电路原理图

（五）雨水传感电路

由于大棚地面已经集成了自动浇灌系统，故基本不需要外部的自然雨水供给，且雨水输入过多，还会对棚内植物的生产造成负面影响。因此，如果检测到下雨天气，就应关闭大棚，传感器通过改造日常使用的耳机接口，利用三段式耳机接口的三个环节分别对应着左声道、右声道和接地,如图4-10所示。

利用耳机接口的左右声道接线连接至雨水检测电路中(图4-11),当天气良好时,左右声道的接线处于绝缘状态,单片机可以采集到一个固定的输入电压;当有雨水滴落在接口时,则会使左右声道短路,单片机采集到电压为3.3V的高电平输入。

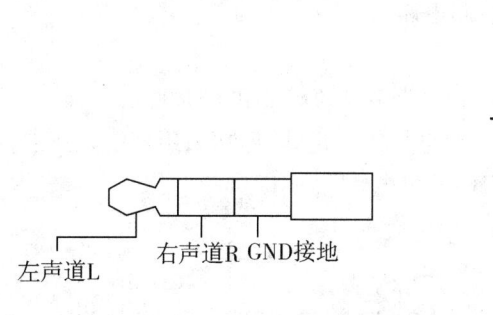

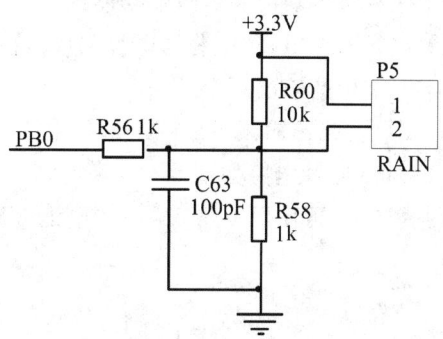

图4-10　三段式耳机接口结构图　　　　图4-11　雨水检测电路原理图

(六) 存储电路

为了增加智能控制性,系统将控制参数存储在 E^2PROM,存储芯片24CL16的存储容量可达16K字节。主机在通讯中遵循 I^2C 二线制协议,一根为双向数据线SDA,另一根为时钟线SCL。

STM32单片机自带 I^2C 通信接口,只需稍微对通信接口做简单配置,便可调用内部函数与外围芯片24CL16进行数据通信,其电路如图4-12所示。

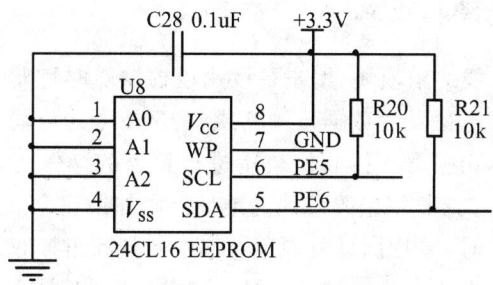

图4-12　24CL16存储芯片电路原理图

(七) 实时时钟电路

用户可以在液晶屏上看到当前的时间,同时系统在发送异常情况报警短信时在文本的末尾需要添加时间戳,因此系统需要一个实时时钟模块。实时时钟,英文名为RTC,是指可以像时钟一样输出实际时间的电子设备,一般用集成电路,因此也称为时钟芯片。

在STM32单片机内部已经集成了RTC模块,由于对外部晶振电路要求很高,故在项目中很少直接应用。较为普遍的做法是利用外部RTC芯片提供时钟,常用的时钟芯片有DALLAS 1302、RX8025以及PCF8563等,本项目选用的是PHILIPS公司生产的PCF8563

芯片,其主要性能为:

(1) 宽电压范围:1.0~5.5V,复位电压标准值 $V_{low}=0.9V$。

(2) 超低功耗:典型值为 0.25uA(V_{DD} 为 3.0V, $T_{amb}=25℃$)。

(3) 可编程时钟输出频率:32.768kHz、1024Hz、32Hz、1Hz。

(4) 四种报警功能和定时器功能。

(5) 内含复位电路、振荡器电容和掉电检测电路。

(6) 开漏中断输出。

(7) I^2C 总线传输频率 400kHz,其中读写命令分别为 0xA2 和 0xA3。

PCF8563 时钟电路如图 4-13 所示,采用双电源供电设计,即在采用系统稳压芯片输出 3.3V 的基础上,再使用一路 3V 纽扣电池 VBAT 供电。

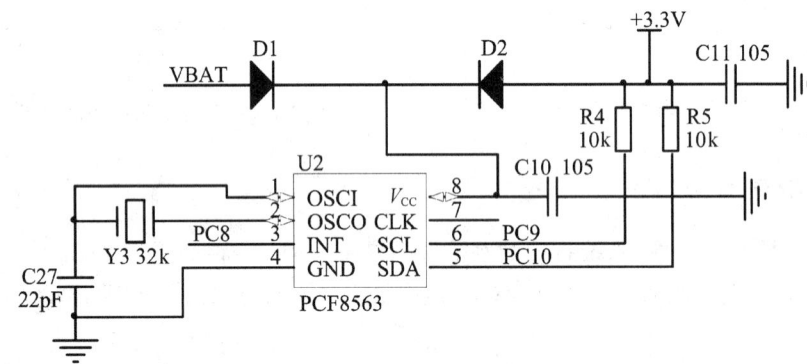

图 4-13　PCF8563 时钟电路原理图

(八) 短距离无线遥控电路

本项目采用 315M 无线通信模块,用户可以用遥控器随时控制大棚的开关,使得控制方式更加灵活。遥控器通过电磁波为数据传输介质,实现指令的传输,遥控器发送的数据要经过加密编码、调制、载波输出信号。接收模块则进行相反的操作,提取遥控器发射过来的命令。315M 模块的发送端和接收端编码芯片的地址编码如果完全一致,接收端对应的输出引脚便能输出高电平脉冲信号,单片机只要利用外部中断判断出接收端是哪一路信号有效,便能推断出遥控器发射端是哪一个按键被按下的。315M 无线遥控器的实物如图 4-14 所示,无线遥控接收模块电路接口如图 4-15 所示。

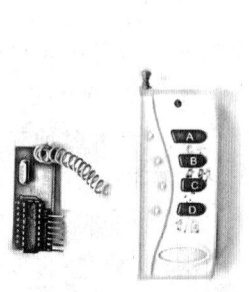
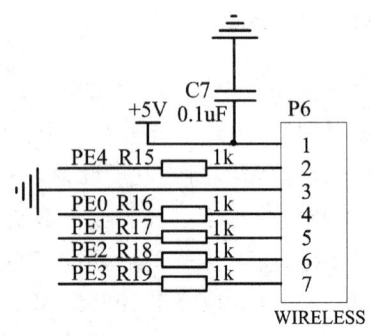

图 4-14　315M 无线遥控器实物　　图 4-15　无线遥控接收模块电路接口

(九) 电机驱动电路

电机是控制大棚门开关,影响通风和温度、湿度的最终执行单元。本项目选用 12V 的直流减速电机,额定功率为 120W,额定转速为 15r/min,最大输出扭矩为 185kg·cm,能正反转运转。对直流电机进行调速或正反转控制采用 H 桥电路结构,其电路结构如图 4-16 所示。

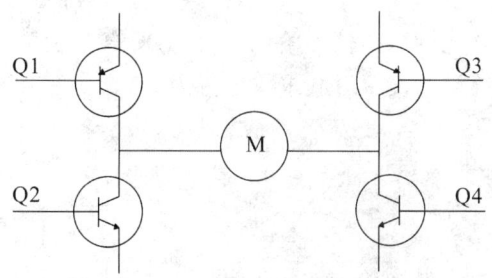

图 4-16 H 桥电路结构图

4 个三极管 Q1～Q4 组成 H 桥的 4 条垂直腿,而电机就是 H 中的横杠。当三极管 Q1 和 Q4 导通而 Q2 和 Q3 截止时,电流将从左至右流过电机,直流电机顺时针方向转动;而当三极管 Q1 和 Q4 管截止而 Q2 和 Q3 管导通时,直流电机逆时针方向转动。图 4-17 所示是直流电机驱动电路原理图,通过控制 PB8 和 PB9 的高低电平组合便可控制电机的正反转。例如当 PB8 输出为高电平,PB9 输出为低电平时,QN_1、QN_2 两个 NPN 三极管处于导通状态,QN_3 处于截止状态,从而控制 QP1 场效应管处于导通状态,QN1 场效应管处于截止状态;而另一边 QP_1 和 QP2 处于截止状态,QP_3 处于导通状态,从而控制 QP2 场效应管处于截止状态,QN2 场效应管处于导通状态。此时电机的工作电流是从 12V 电源正极出发,经 QP1 到 QN2 再到地,从而驱动电机运转。如果令 PB8 输出为低电平,PB9 输出为高电平,则电机呈相反方向转动。如果要对电机调速,则可采用脉冲宽度调制(PWM)的方法,改变三极管控制信号高低电平之间的占空比来进行。

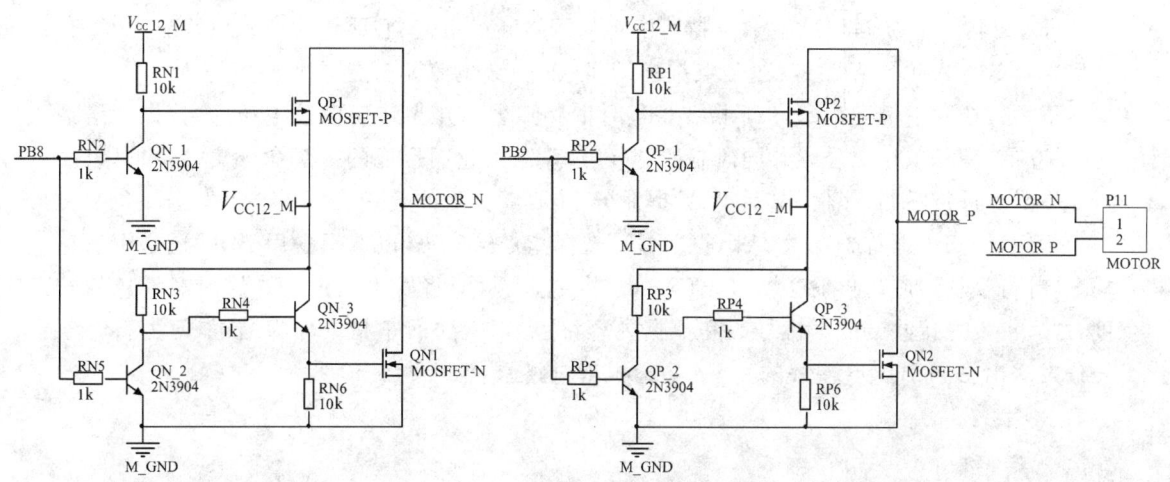

图 4-17 直流电机驱动电路原理图

(十) 电机电流检测电路

对电机电流的检测是为了防止电机发生堵转,导致电机以及控制板的损坏。用户可以通过液晶屏设置直流电机的过载电流,一旦发生过载,系统会停止电机的运行,并通过 GSM 模块向用户发送报警短信。

在直流电机供电回路中串入电流采样电阻,采样电阻两端的电压信号输入 A7840 光耦的差分输入端,通过光耦内部的线性放大后,同样以差分信号的形式通过后级运算放大器的放大,最终输出单相幅值合适的电压信号给单片机 ADC 转换引脚。大棚控制电机电流检测电路如图 4-18 所示,系统初始设置过载报警电流为 5A。

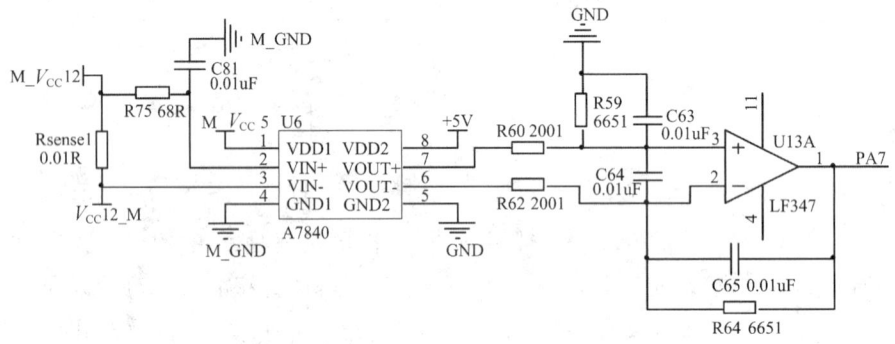

图 4-18 大棚控制电机电流检测电路

(十一) 短信报警电路

提供远程报警服务是本项目一个非常重要的特色,具备了此项功能,相当于给农业种植户长了一双"千里眼"。短信模块选用了深圳合方圆公司的 GU906 模块,其关键性能参数如下:

(1) 支持 GSM 四频,覆盖 850/900/1800/1900MHz,支持 SIM 卡的热插拔检测。

(2) 支持标准的 AT 指令,支持 TCP/IP 协议,支持高达 10KB 的大容量缓存。

(3) 支持工业级 DTU 功能,支持可配置的网络断线重连、心跳包配置和短信配置等。

(4) 支持 APGS、基站定位、频点扫描、TTS 和中文短信等功能。

下面介绍一下 AT 指令,AT 指令是当时世界知名的几大移动电话生产厂商,包括诺基亚、爱立信、摩托罗拉等公司共同研制的,并经过不断演化而形成的一套命令集,用户可以通过 AT 指令进行呼叫、短信、电话本、数据业务、传真等方面的控制。以用户想发送一条中文短信为例,用户可以首先发送"AT+CMGF"选择指令给模块,以选择是用 PDU 还是短消息模式,等待模块回应后再发送"AT+CMGS"指令,表示即将发送短消息并给出短消息的长度,之后再发送接收端的手机号码和数据内容,最后以发送回车指令作为结尾,便可将一条短信发送出去。GU906 模块的 GSM 短信报警电路原理如图 4-19 所示。

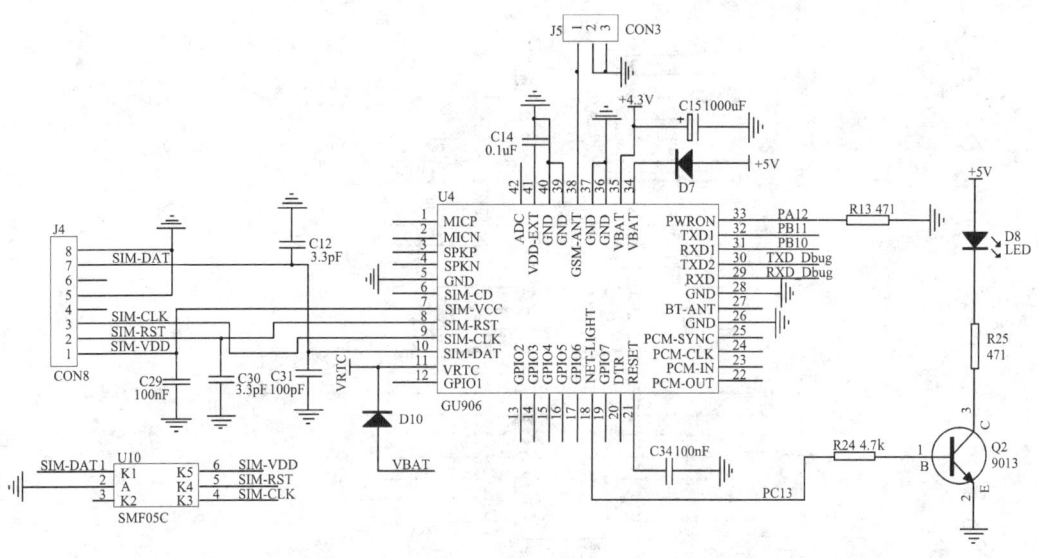

图 4-19 GU906 模块的 GSM 短信报警电路原理图

（十二）液晶显示及按键电路

本项目选用分辨率为 320×480 的 LCD 液晶屏，显示屏内含显示控制器，与单片机以并行方式进行通信。单片机对 LCD 的控制是通过 FSMC 完成的，STM32 的 FSMC 包含了 1 个 NOR 闪存/SRAM 控制器以及 1 个 NAND 闪存/PC 卡控制器。FSMC 的作用在于给单片机内核和外部设备之间搭建了桥梁，用户只要对 FSMC 做简单设置，便可以由 FSMC 自动完成对外部设备的控制和数据通信，极大地提高对外部设备的控制和访问效率。在具体使用时，应该根据芯片规定的引脚与 LCD 模块的引脚进行连接，并配置好 FSMC 对外部设备的访问映像地址。LCD 液晶屏显示页面如图 4-20 所示，LCD 液晶屏的引脚连接原理如图 4-21 所示。

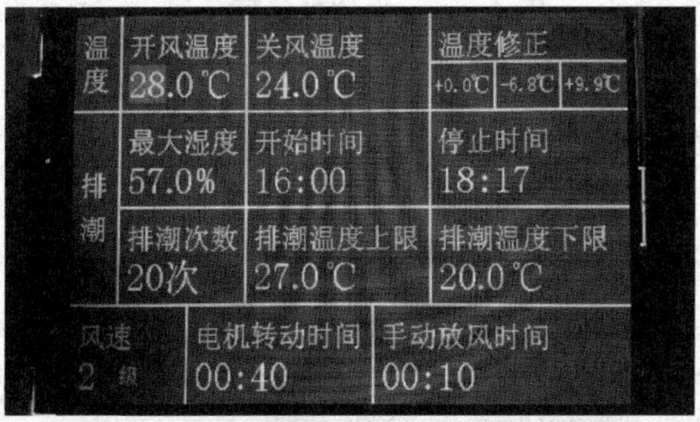

图 4-20 LCD 液晶屏显示页面

系统共设计了 8 个按键，分别用于系统工作模式设置、页面切换以及系统参数设置等，其电路原理如图 4-22 所示，单片机利用外部中断对这些按键状态进行检测。

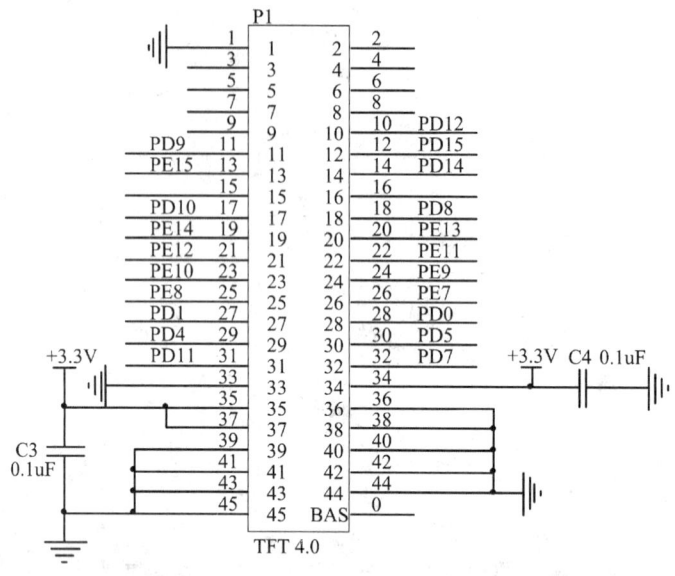

图 4-21 LCD 液晶屏的引脚连接原理图

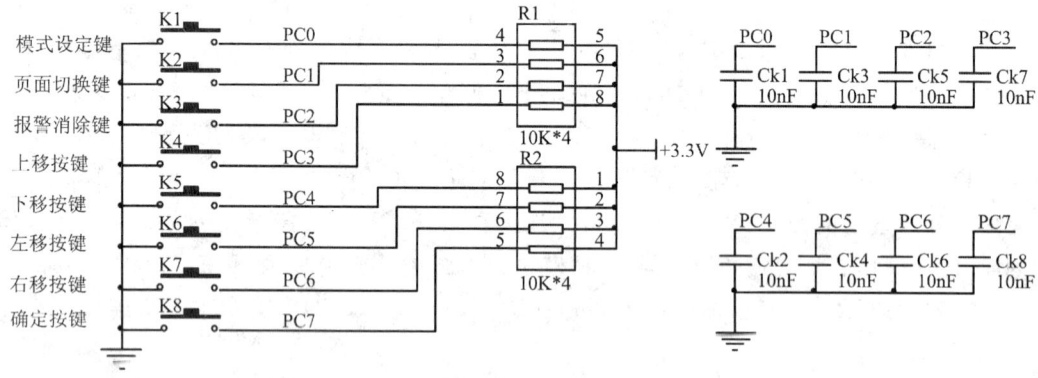

图 4-22 按键电路原理图

二、智能大棚控制器的软件设计

在 KEIL 开发环境里编写程序,可以方便地在软件里移植 RTX 小型实时操作程序。RTX 系统对 ARM Cortex-M 系列的芯片有比较好的支持,RTX 不仅免费,而且其代码是完全开放的,可以供用户自由查阅。软件整体的控制系统程序流程如图 4-23 所示。

整个程序比较长,以下为 PCF8563 时钟芯片以及 FM24CL16 存储芯片的读写程序,供读者参考。

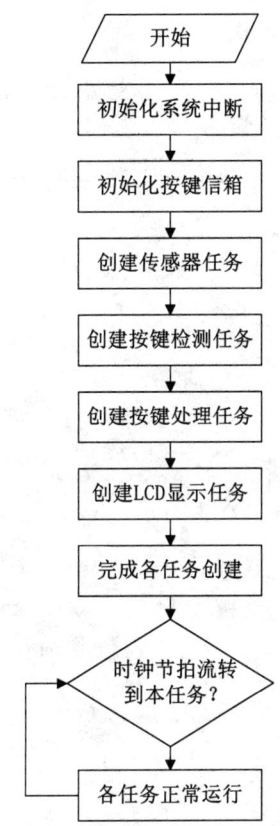

图 4-23 控制系统程序流程图

(一) PCF8563 时钟芯片读写程序(I/O 口模拟)

1. 引脚及读写地址设置

```
//读写地址
#define PCF_WR_ADDR 0xA2 //write device-address
#define PCF_RD_ADDR 0xA3 //read device-address
//FM24CL16 引脚定义
#define PCF_Part        GPIOC
#define PCF_SCL         GPIO_Pin_9
#define PCF_SDA         GPIO_Pin_10
//数据线和时钟线高低定义
#define SCL_H           GPIO_SetBits(PCF_Part,PCF_SCL);
#define SCL_L           GPIO_ResetBits(PCF_Part,PCF_SCL);
#define SDA_H           GPIO_SetBits(PCF_Part,PCF_SDA);
#define SDA_L           GPIO_ResetBits(PCF_Part,PCF_SDA);
```

2. 具体读写程序

```
//I2C 开始函数
```

```c
void Start(void)
{
    PCF8653_I2C_OutputConfig();    //配置I2C数据线为输出模式
    SDA_H;
    SCL_H;
    delay_us(10);
    SDA_L;
    delay_us(10);
    SCL_L;
}
//I2C停止函数
void Stop(void)
{
    PCF8653_I2C_OutputConfig();
    SDA_L;
    SCL_H;
    delay_us(10);
    SDA_H;
    delay_us(10);
}
//输出ACK
void WriteACK(u8  ack)
{
    PCF8653_I2C_OutputConfig();
    if(ack==1){SDA_H;}   if(ack==0){SDA_L;}
    SCL_H;
    delay_us(10);
    SCL_L;
    delay_us(10);
}
//读入ACK
u8 WaitACK(void)
{
    u8 ACK;
    PCF8653_I2C_InputConfig();
    SCL_H;
    delay_us(10);
    ACK=GPIO_ReadInputDataBit(PCF_Part,PCF_SDA);
```

```
        SCL_L;
        delay_us(10);
        return ACK;
}
// 写字节数据
u8 writebyte(u8 dat)
{
    u8 i,ack;
    PCF8653_I2C_OutputConfig();
    for (i=0; i<8; i++)
    {
        if(dat&0x80){ SDA_H; }else{ SDA_L; }
        dat <<=1;
        SCL_H;
        delay_us(10);
        SCL_L;
        delay_us(10);
    }
    ack=WaitACK();
    return ack;
}
//读字节数据
u8 Readbyte(void)
{
    u8 i=0,dat=0;
    PCF8653_I2C_OutputConfig();
    SDA_H;
    delay_us(6);
    PCF8653_I2C_InputConfig();
    for (i=0; i<8; i++)
    {
        dat <<=1;
        SCL_H;
        delay_us(10);
        dat |=GPIO_ReadInputDataBit(PCF_Part,PCF_SDA);
        SCL_L;
        delay_us(10);
    }
```

```c
    return dat;
}
//写数据函数,单字节
void writeData(u8 address,u8 mdata)
{
    Start();
    writebyte(0xa2);        //写命令
    writebyte(address);     //写地址
    writebyte(mdata);       //写数据
    Stop();
}
//读数据函数,单字节
u8 ReadData(u8 address)
{
    u8 rdata;
    Start();
    writebyte(0xa2);        //写命令
    writebyte(address);     //写地址
    Start();
    writebyte(0xa3);        //读命令
    rdata=Readbyte();
    WriteACK(1);
    Stop();
    return(rdata);
}
```

(二) FM24CL16 存储芯片读写程序

由于 I2C 基本读写时序与 PCF8563 相同,因此重叠部分不再赘述。

```c
//检测 EEPROM 是否已被读写
unsigned char CheckEeprom(void)
{
    char value=0x55 ;
    char temp=0 ;
    ReadDataFromEE(EECHECKADDR,&temp,1);
    if(temp==0x55)  {  return 1;  }
    else
    {
        WriteDataToEE(EECHECKADDR,&value,1);
```

```c
        if(temp==0x55)
        {    return 0;    }
    }
    return 0;
}
//从指定的地址读取给定长度的数据
void ReadDataFromEE(unsigned int MemUnit, char * pData,unsigned short Len)
{
    unsigned short i;
    if(Len<=0){    return;    }
    for(i=0;i<Len;i++)
    {
        IICStart();
        IICSendOneByte(0xA0);
        IICWaitAck();
        IICSendOneByte((unsigned char)MemUnit);
        IICWaitAck();
        IICDelay(100);
        IICStart();
        IICSendOneByte(0xA1);
        IICWaitAck();
        IICDelay(10);
        pData[i]=IICRecvOneByte();
        IICDelay(10);
        IICStop();
        MemUnit++;
        IICDelay(100);
    }
    IICDelay(100);
}
//往给定的地址写入给定长度的数据
void WriteDataToEE(unsigned int MemUnit, char * pData,unsigned short Len)
{
    unsigned char i;
    if(Len<=0||! pData)    {    return;    }
    IICDelay(1000);
    for(i=0;i<Len;i++)
    {
```

```
        IICStart();
        IICSendOneByte(0xA0);
        IICWaitAck();
        IICSendOneByte((unsigned char)MemUnit);
        IICWaitAck();
        IICSendOneByte(*pData++);
        IICWaitAck();
        IICStop();
        MemUnit++;
        IICDelay(2000);
    }
    IICDelay(100);
}
```

第三编　可编程控制技术应用

项目五　全自动四轴可示教焊接设备

焊接是一项劳动条件差、烟尘多、热辐射大、危险性高的工作。人工焊接的质量，往往受到焊接工的工艺水平、焊接技能、焊接速度、情绪波动等因素的影响。因为产业的转型升级，人工焊接逐渐被自动化焊接所替换，自动化焊接具有高效、质量稳定等优点。据调查，市面上的自动化焊接专机从控制技术特点来分，大致有以下两种流派：

(1) 以 PLC＋HMI 为控制核心的低端类产品，主要优点为产品造价低，选用伺服系统作为驱动机构，焊接精度也能满足大部分焊接要求，这一类产品在中小企业中应用非常广泛，它的主要缺点是只能胜任较为简单的轨迹焊接任务，程序功能单一，一旦 PLC 程序设计完成后，其动作流程与焊接轨迹基本就被固化了。目前许多企业订单是量少样多，导致以 PLC＋HMI 为控制核心的低端自动焊机应用较少。

(2) 以工业机器人为控制核心的高端类产品。随着目前整个自动化产业的升级，工业机器人的优势日益突显且众所周知。其极高的控制精度，强大的复杂轨迹实现能力，能很好地胜任高精度且轨迹复杂的焊接工艺。而且由于工业机器人本身所自带的可示教功能，理论上只需一套控制系统，企业客户针对不同的焊接产品轨迹与规格，只需要更换工装夹具，并且重新示教即可完成任务。但是这种类型的系统最大的问题就是价格过于高昂，目前市场都认可工业机器人的性能，但多数中小企业却止步于其价格。另外，工业机器人的示教具备较高的复杂性与专业性，很多一线工人无法胜任机器人示教编程的工作。

鉴于此，编者受宁波市智特机械设备有限公司委托，立足于面向中小企业与高性价比的基本原则，结合浙江省技师课题研修，开发了一款基于 PLC＋HMI 为控制核心的可示教焊接设备——全自动四轴可示教焊接设备，其功能有以下几点：

(1) 具备 X、Y、Z、U 四轴，具备空间与平面直线轨迹焊接，具备基本的平面圆弧轨迹焊接。

(2) 为应对不同的焊接规格与焊接轨迹，该设备必须具备可示教功能，且示教过程简单易学，易于一线员工掌握。

(3) 系统安全可靠、易于维护，且焊接精度及重复精度高。

(4) 价格便宜，性价比高，能让多数中小企业所接受。

一、全自动四轴可示教焊接设备硬件

全自动四轴可示教焊接设备硬件由机械结构、控制柜及示教盒三部分组成。

机械结构由四轴组成,其中控制左右移动的横梁、控制前后移动的悬梁,以及控制上下运动的主轴分别定义为 X 轴、Y 轴、Z 轴,这三轴均采用丝杆模组,按照设计要求 X 轴模组的行程为 1000mm、Y 轴与 Z 轴的行程为 600mm,其螺距均为 2mm。控制焊枪旋转的机构定义为 U 轴,由一个减速比为 20 的减速机与定制工装构成。以上四轴均采用伺服电机驱动,以保证焊接精度,四轴焊机实物图如图 5-1 所示。

图 5-1 四轴焊机实物图

电气控制系统选用台达 EH3 系列 PLC 控制器,台达 ASDA-B2 系列伺服系统为执行机构,威伦触摸屏结合自制按钮盒为显示操作界面,控制系统结构示意图如图 5-2 所示。

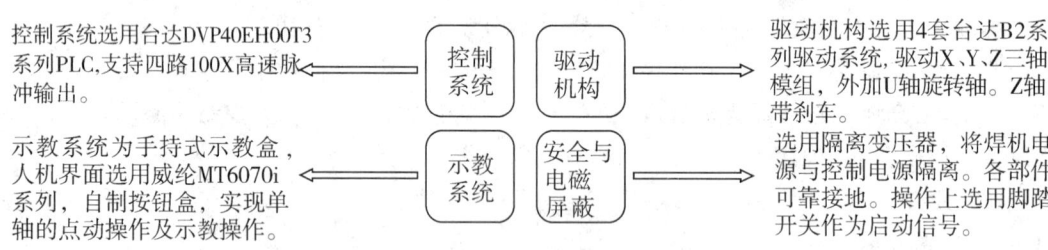

图 5-2 控制系统结构示意图

(一) PLC 系统

本方案输入点约为 20 个(X 轴信号输入、O 轴信号输入、Z 轴信号输入、Y 轴信号输入、一次启动按钮、脚踏开关等),输出点 14 个(X 轴脉冲、O 轴脉冲、Z 轴脉冲、Y 轴脉冲等)。另外,本方案需要控制 4 套伺服系统,所以所选的 PLC 应具备 4 路高速脉冲输出能力,另针对需要完成圆弧轨迹焊接的场合,所选的 PLC 应具备圆弧插补功能。结合成本考虑,目前市面上有 3 款 PLC 可满足本项目的技术要求,分别为永宏 FBS 系列 PLC,信捷 XC5 系列

PLC 以及台达 EH3 系列 PLC,考虑综合性能、价格以及项目组的使用习惯等因素,最终选用台达 DVP-40EH00T3 PLC 为本设备的控制系统。其有四路 200kHz 高速脉冲输出,具备圆弧插补与直线插补功能,具备 24DI/16DO。

(二) 伺服系统

在满足价格与性能要求的前提下,为保证系统原件型号及厂家的统一性,本方案选用台达 ASDA-B2 系列伺服驱动器作为驱动系统。由于机械结构 X 轴和 Z 轴需要输出力矩比另外两轴大,所以这两轴选用 750W 的伺服系统,Y 轴与 U 轴选用 400W 的伺服系统。另外,由于 Z 轴需垂直安装,有较大自重,所以 Z 轴的伺服电机选用带刹车系统的型号。

(1) ASDA-B2 系列伺服驱动器的主要性能:内置位置、速度、扭力模式(速度、扭力模式可通过内部设置或电压控制);支持脉冲输入(最高可达 4Mpps)和模拟电压两种命令;提供三组共振抑制滤波器,可针对机构运行自动调整到优化。

ASDA-B2 系列支持 17bit(160 000p/rev)高分辨率编码器,满足机台设备高精度定位控制及平稳低速运转的应用需求。

(2) 本项目伺服系统控制方式:需要对四个轴进行精确的定位控制,所以伺服系统选用的是位置模式的控制方式。伺服系统位置模式具体控制方法又分为差分模式和集电极开路模式,本项目采用的控制器为台达 EH3 系列 PLC,其四路高速脉冲输出均只支持集电极开路的形式,所以伺服系统最终的控制模式为方向+脉冲控制的形式,即 Y0 为脉冲,Y1 为方向,以此类推。

(三) 触摸屏

目前能满足本项目要求的触摸屏产品种类繁多,可选择的空间较大,在基于成本考虑且充分尊重企业意愿的前提下,本项目选用威纶通 WeinviewTK6070iQ 系列触摸屏作为人机交互界面。

(四) 示教盒

基于减少协作单位以规避调试风险与缩短调试周期的考虑,本次示教盒用自制的钣金件改造,PLC 输入端口定义见表 5-1 所示。示教盒实物图如图 5-3 所示。

表 5-1 PLC 输入端口定义

PLC 输入端口	示教盒按键功能	PLC 输入端口	示教盒按键功能
X1	X 轴左行	X13	Z 轴下行
X3	Y 轴前行	X14	旋转轴反转
X4	Z 轴上行	X20	确认
X5	旋转轴正转	X21	上一步
X10	X 轴右行	X22	下一步
X11	Y 轴后行	X26	备用

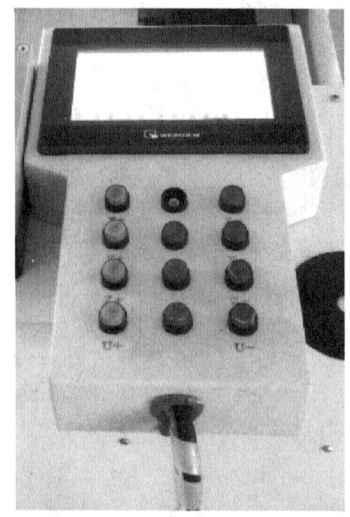

图 5-3 示教盒实物图

（五）主电路

主要的耗能设备为焊机和伺服系统，供电方式均为 AC220V。在控制系统中，电焊机具备较强的干扰性质，对伺服系统与 PLC 系统都有较强的干扰作用；同时，焊机自身作为一种精密设备，又会受到伺服系统的干扰，所以在主电路设计中，各个系统之间的隔离与屏蔽就显得尤为重要。根据工程实际及成本考虑，通过隔离变压器将控制系统与焊机电源隔离，各部件可靠接地，可以有效地防止元器件之间的相互干扰。焊接系统主电路接线图如图 5-4 所示。

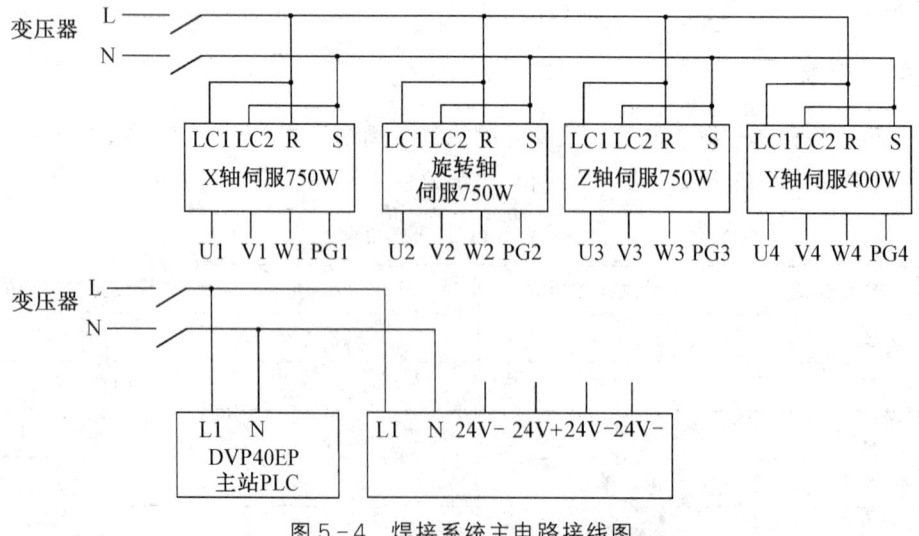

图 5-4 焊接系统主电路接线图

（六）控制电路

控制电路主要完成 PLC 输入、输出点的接线，其中输入信号有各按钮、四轴模组上的原点开关和极限开关，而原点开关和极限开关都是三线式的 NPN 型接近开关，所以本系统输入信号均采用漏型（NPN）接法。

输出点主要控制 4 组伺服系统，每组均为一个脉冲信号，一个方向信号；另外控制一些辅助气动元件。输出信号也均采用漏型（NPN）接法。焊接系统控制电路接线图如图 5-5 所示，输入端口的功能说明见表 5-2，输出端口的功能说明见表 5-3。

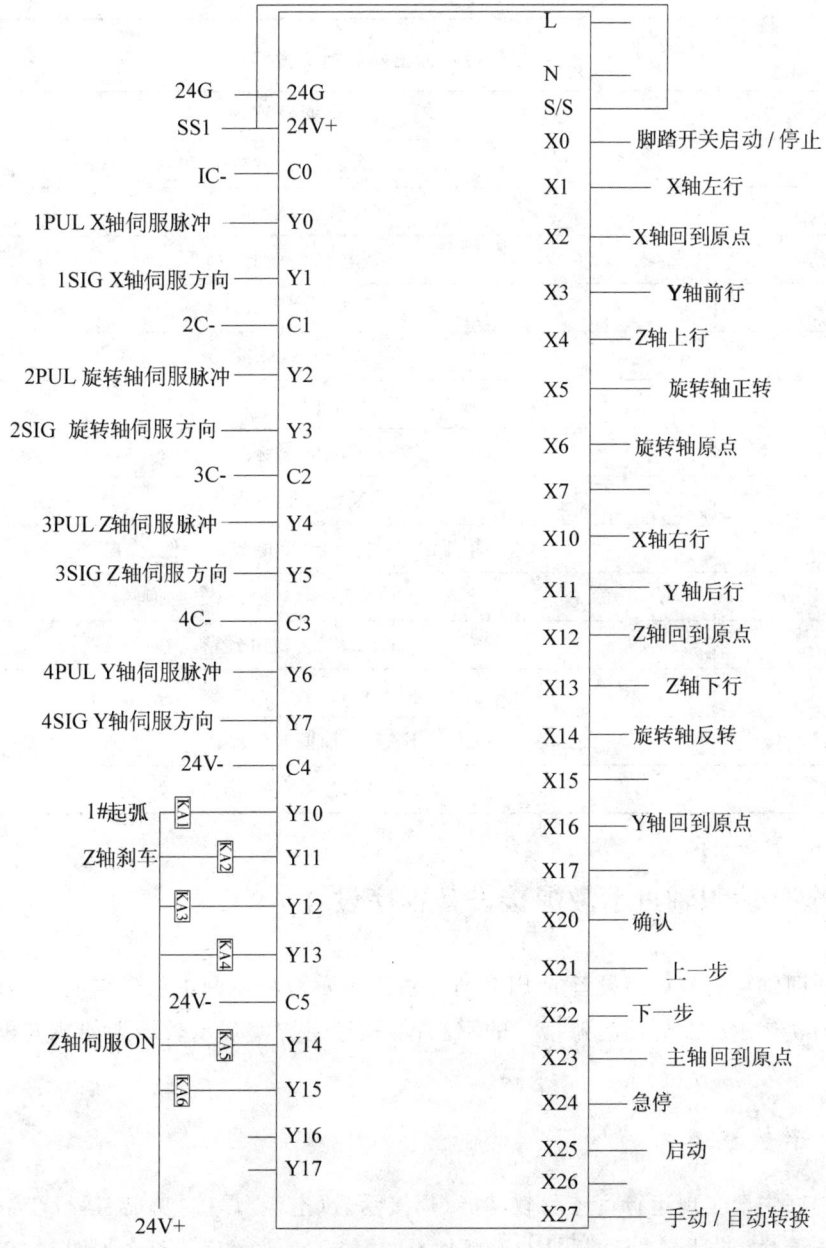

图 5-5　焊接系统控制电路接线图

表5-2 PLC输入端口功能说明

PLC输入端口	功能说明	PLC输入端口	功能说明
X0	脚踏开关启动/停止	X16	Y轴回到原点
X2	X轴回到原点	X17/X18/X19	空
X6	旋转轴回到原点	X23	主轴回到原点
X7/X8/X9	空	X24	急停
X12	Z轴回到原点	X25	启动
X15	空	X27	手动/自动转换

表5-3 PLC输出端口功能说明

PLC输出端口	功能说明
Y0	X轴伺服脉冲
Y1	X轴伺服方向
Y2	旋转轴伺服脉冲
Y3	旋转轴伺服方向
Y4	Z轴伺服脉冲
Y5	Z轴伺服方向
Y6	Y轴伺服脉冲
Y7	Y轴伺服方向
Y10	KA1,起弧信号,干接点,得电焊机工作,失电停止
Y11	KA2,Z轴刹车,得电松开,失电抱闸
Y12	KA3,工装气缸预留
Y13	KA4,工装气缸预留
Y14	KA5,Z轴伺服使能信号
Y15	KA6,工装气缸预留

二、全自动四轴可示教焊接设备程序设计

全自动四轴可示教焊接设备的PLC程序主要由示教程序和主程序构成,示教程序主要实现系统的轨迹示教及焊接起弧信号的示教;主程序主要实现示教结果的轨迹再现和功能再现。

(一)示教程序

示教程序主要实现运行轨迹示教功能、焊接示教(空走/焊接)功能、运行步数示教功能和行走姿态示教(点对点,直线插补与圆弧插补)功能。示教程序流程图如图5-6所示。

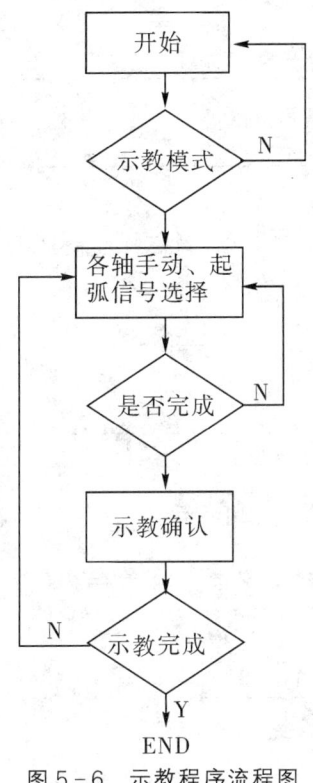

图 5-6 示教程序流程图

示教功能在 PLC 中实现,其程序设计方法及技巧是先利用 PLSV 指令,对 X、Y、Z、O 四轴进行点动操作,将焊笔运动至所需位置。此时各个轴(Y0、Y2、Y4、Y6)所产生的脉冲数量会储存在特殊寄存器 D1336、D1338、D1375、D1377 中,位置确认后,在触摸屏上选择本步骤是否进行焊接,然后按"确认"键,系统会将步数、焊接与否和每个轴当前的坐标存储到相应的寄存器中,在主程序中将这些寄存器中的数据依序调用,即可完成轨迹再现功能。

示教程序设计时,由于不同的生产应用,其加工步数是不一致的。另外,如果每一个坐标的示教环节都用对应的寄存器列出的话,程序将会难以界定步数,加工流程稍显复杂(步数较多),示教程序必然就显冗长,甚至会超出 PLC 程序存储空间。所以,在设计示教程序时,一个非常重要的技巧就是要善于利用偏址寄存器 E,利用其地址偏移功能对其按步累加或按步递减,可以大大精简示教程序。可以说,不利用好偏址寄存器,就无法设计出精简可靠的示教程序。

PLC 实现示教功能,理论上可以实现任意步数,但是限于各种 PLC 存储空间的限制,并不可以有任意步数。另外,示教步数如果过多的话,对一线使用人员也是一大负担。

示教程序段如图 5-7~图 5-9 所示。进行示教时,X27 开关先要打到手动模式,触摸屏上选择示教模式。此时 E2 清零,示教步数置为 1 步。示教模式选择梯形图如图 5-7 所示,当示教模式选择就位后,对各轴进行位置示教,四轴示教过程类似,此处以 X 轴为例,X 轴示教程序如图 5-8 所示。X 轴脉冲的当前量存放在 D1336 寄存器,按"确认"键,把 D1336 寄存器里面的数值给 D4000E2,随后 D4000E2 里的数据放到 D4500E2 里面,当按"下一步"键时,D3000(示教步数)里的数据放到 D3001(程序步数)里面,D3000(示教步数)里的

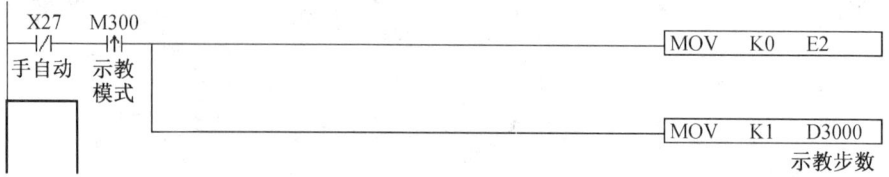

图 5-7 示教模式选择程序段

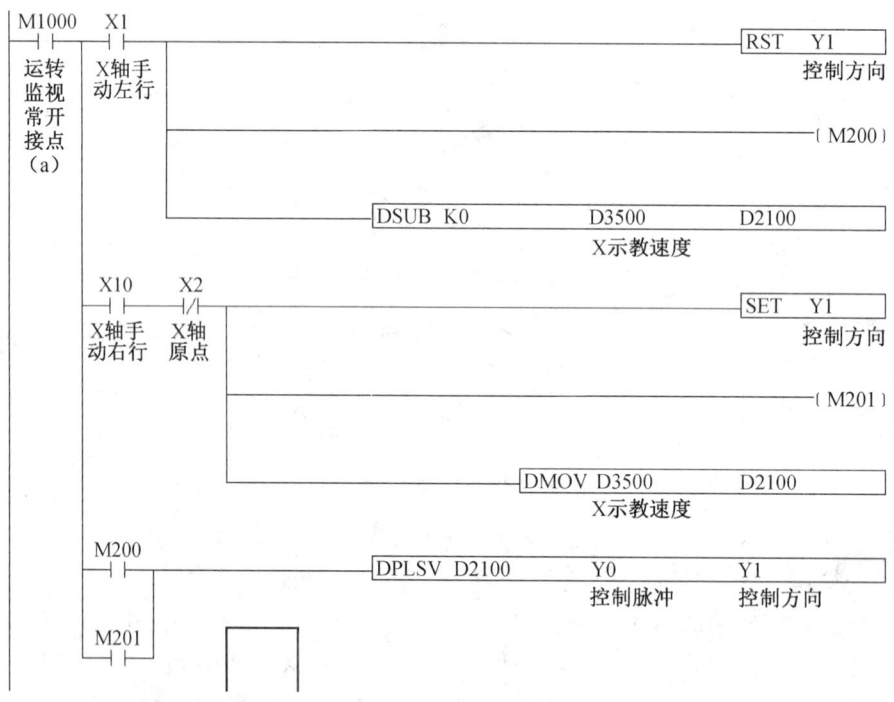

图 5-8 X轴示教程序段

数据加 1，E2 里的数据加 2，实行自加功能，下一步的脉冲量放在 D4002，再下一步脉冲量放在 D4004，以此类推。当按"上一步"键时，D3000 里的数据减 1，E2 里的数据减 2，存放脉冲量的寄存器也随之减 2。

旋转轴脉冲当前量存放在 D1338 寄存器，按"确认"键时，把 D1338 寄存器里面的数值给 D5000E2，随后 D5000E2 里的数据放到 D5500E2 里面，当按"下一步"键时，D3000（示教步数）里的数据放到 D3001（程序步数）里面，D3000（示教步数）里的数据加 1，E2 里的数据加 2，实行自加功能，下一步的脉冲量放在 D5002，再下一步脉冲量放在 D5004，以此类推。当按"上一步"键时，D3000 里的数据减 1，E2 里的数据减 2，存放脉冲量的寄存器也随之减 2。

Z 轴脉冲当前量存放在 D1375 寄存器，按"确认"键时，把 D1375 寄存器里面的数值给 D6000E2，D6000E2 里的数据放到 D6500E2 里面，当按"下一步"键时，D3000（示教步数）里的数据放到 D3001（程序步数）里面，D3000（示教步数）里的数据加 1，E2 里的数据加 2，实行自加功能，下一步的脉冲量放在 D6002，再下一步脉冲量放在 D6004，以此类推。当按"上一步"键时，D3000 里的数据减 1，E2 里的数据减 2，存放脉冲量的寄存器也随之减 2。

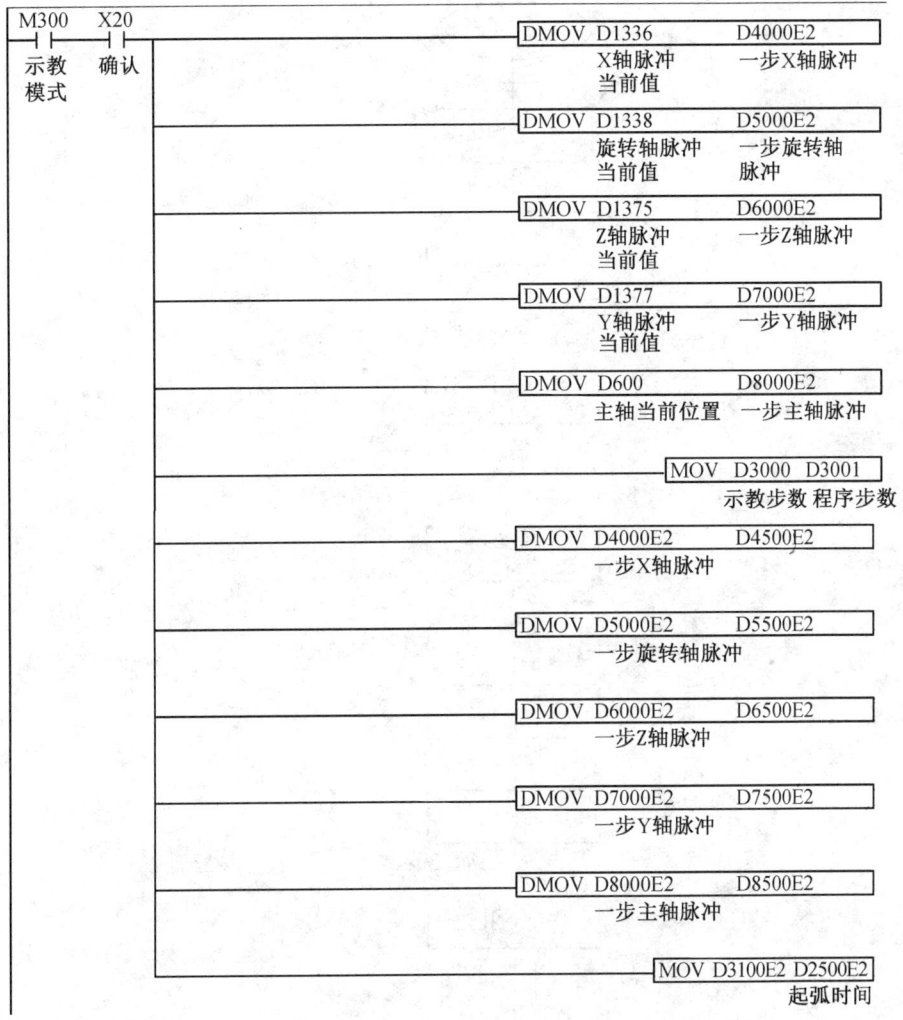

图 5-9 示教信息记录程序段

Y 脉冲当前量存放在 D1377 寄存器,按"确认"键时,把 D1377 寄存器里面的数值给 D7000E2,D7000E2 里的数据放到 D7500E2 里面,当按"下一步"键时,D3000(示教步数)里的数据放到 D3001(程序步数)里面,D3000(示教步数)里的数据加 1,E2 里的数据加 2,实行自加功能,下一步的脉冲量放在 D7002,再下一步脉冲量放在 D7004,以此类推。当按"上一步"键时,D3000 里的数据减 1,E2 里的数据减 2,存放脉冲量的寄存器也随之减 2。

(二) 主程序

主程序主要实现轨迹再现功能、焊接功能再现、运行步数再现、行走姿态再现及辅助功能如工装定位、回原点等。主程序编制运用 SFC 指令,根据示教环节产生的步数进行循环判定,达到各种功能再现的目的。主程序流程如图 5-10 所示。

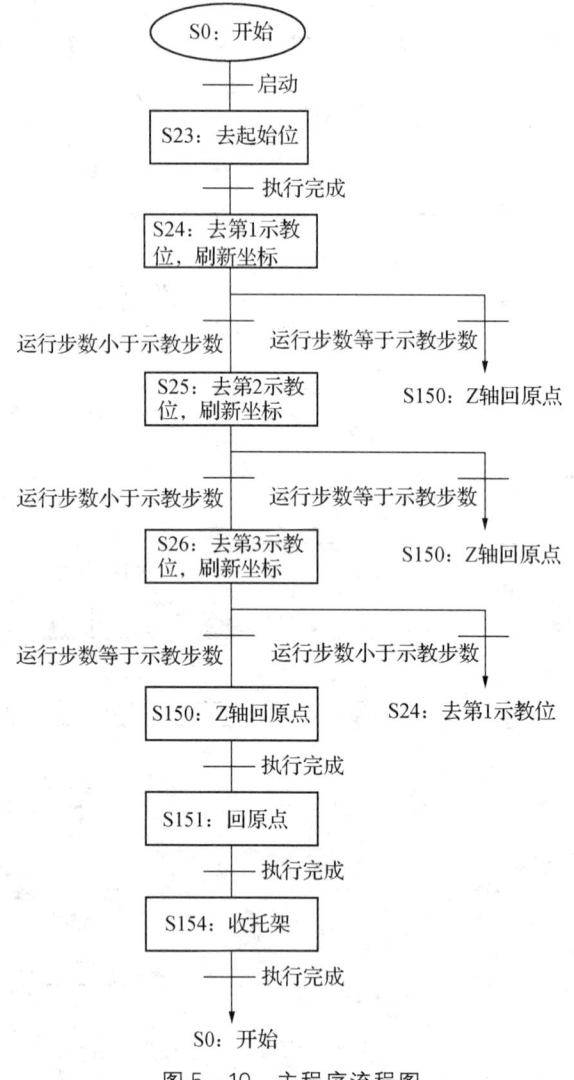

图 5-10 主程序流程图

轨迹再现程序的核心思想就是将记录的运行步数与示教步数进行比较,运行步数小于示教步数则继续运行,等于示教步数则表示已经走完;在轨迹运行方面,所有轴都采用 DRVA 绝对定位指令来实现。系统进入运行后,先执行第一步,一般这一步为焊接起始位,是系统由原点到焊接出发点的步骤,其程序如图 5-11、图 5-12 所示。

按照每轴的示教步骤,寄存器 D4000E2、D5000E2、D6000E2、D7000E2 存放 X、O、Z、Y 轴脉冲量,D3500、D3506、D3512、D3518 存放 X、O、Z、Y 轴示教速度,当各个轴发完脉冲后,相应的特殊辅助继电器 M1029(对应脉冲 Y0)、M1030(对应脉冲 Y2)、M1036(对应脉冲 Y4)、M1037(对应脉冲 Y6)会产生一个上升沿脉冲,利用这个脉冲使标志位 M720、M721、M722、M723 置位,当 M720、M721、M722、M723 均置位的时候,表示当前步骤执行完成。需要注意的是,如果上下两个间隔的步骤之间,对应轴的脉冲数没有变化(如第一步只动 X 轴,下一步动 Y、Z、O 轴),那么按照绝对定位指令 DRVA 的运行规则,相应的轴不会动作,即对

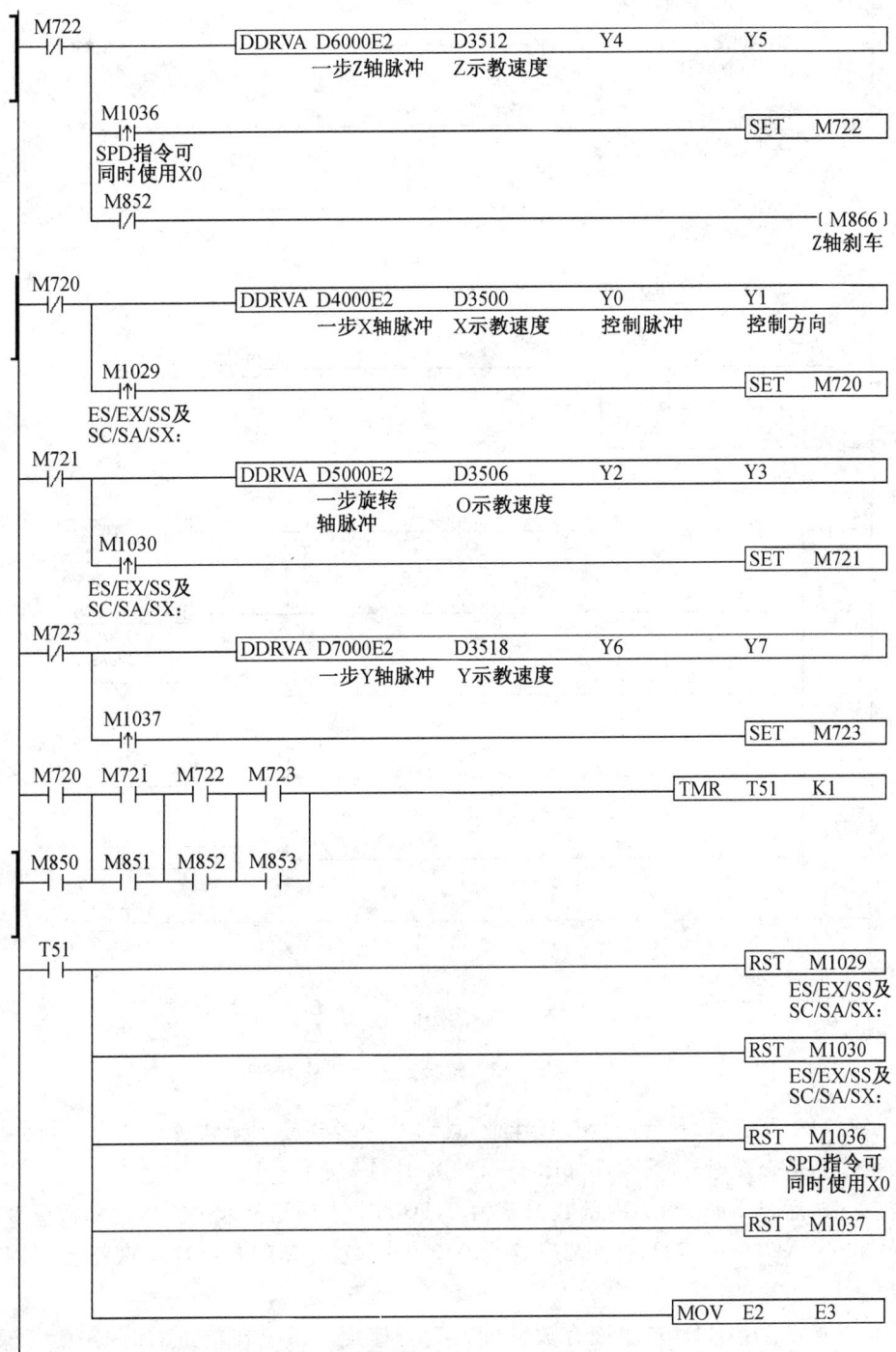

图 5-11 焊接起始步 1

应的特殊辅助继电器不会产生上升沿。所以,当系统由原点到初始步动作的时候,如果当寄存器 D4000E2、D5000E2、D6000E2、D7000E2 存放 X、O、Z、Y 轴脉冲量为零,那么将对应的 M850、M851、M852、M853 置位,使得程序能顺利执行下去。

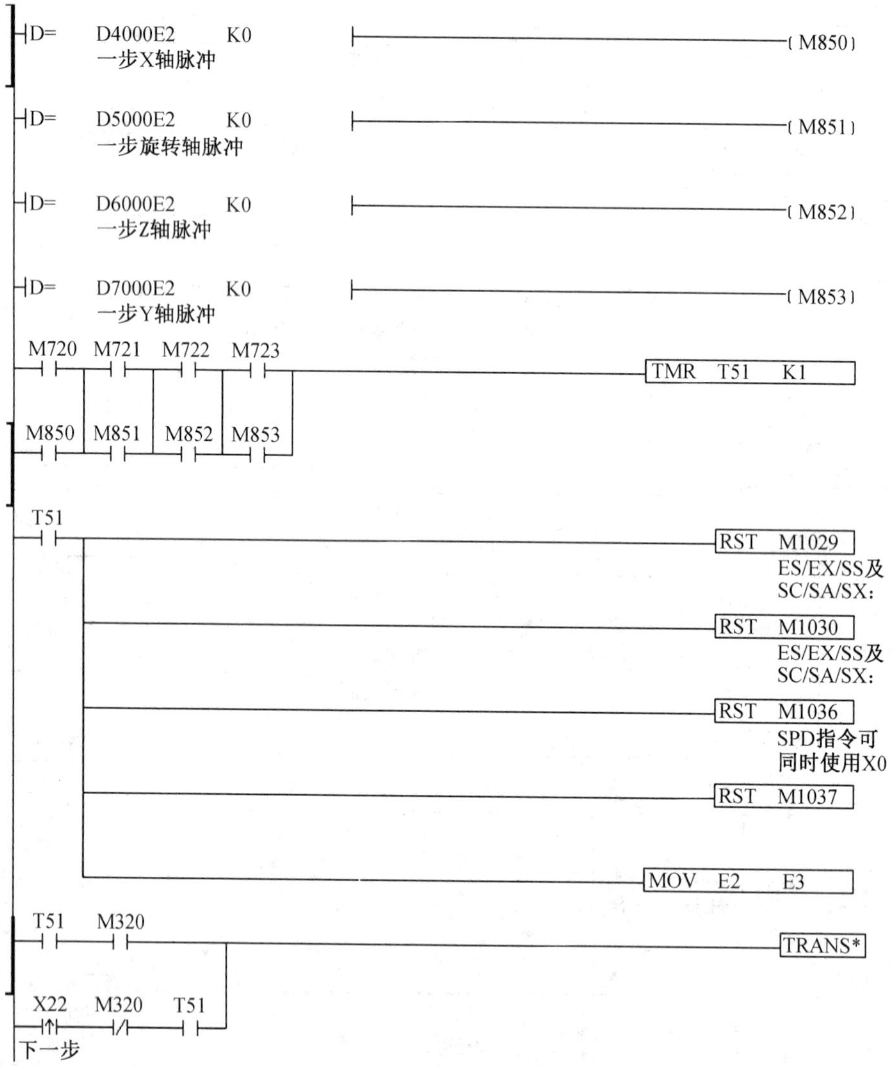

图 5-12 焊接起始步 2

焊接起始步完成后,系统进行焊接作业,此时每个步骤除了做轨迹运动之外,还会根据示教结果选择是否开焊机,其程序如图 5-13、图 5-14 所示。

进入 S24 后,E2 加 2,E2 内部数据变为 2,D3002(当前运行步)加 1,内部数据变为 2。M870～M871,M720～M724,M705～M709,M700～M704,M720～M724 区间复位,T51 定时器复位。

D400、D402、D404、D406 里面存放各轴的运行速度。系统在空走的时候,为了保证效率,可以用较快的速度运行;在焊接的时候为了保证焊接工艺,需要以较慢的速度运行。所以,每一步执行的时候,各轴运行速度也是根据示教结果而不断变化的。图 5-14 所示的 D3100E2 为每一步的焊接选择结果,如果为 1,则表示当前为焊接步,需要以焊接速度运行以保证工艺,同时还需要打开 Y10,使焊机工作。如果 D3100E2 为 0,则表示本步为空走步,以示教速度运行以保证效率。

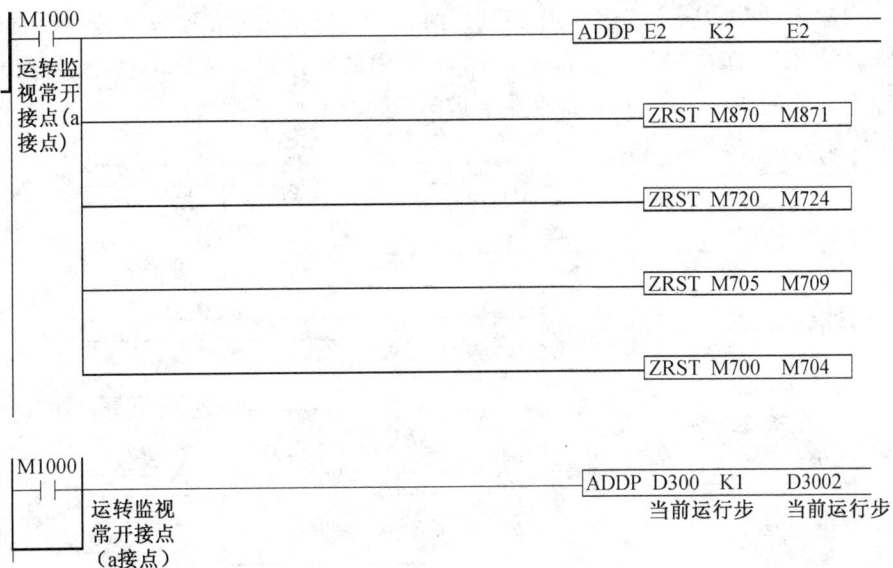

图 5-13 焊接步骤程序图 1

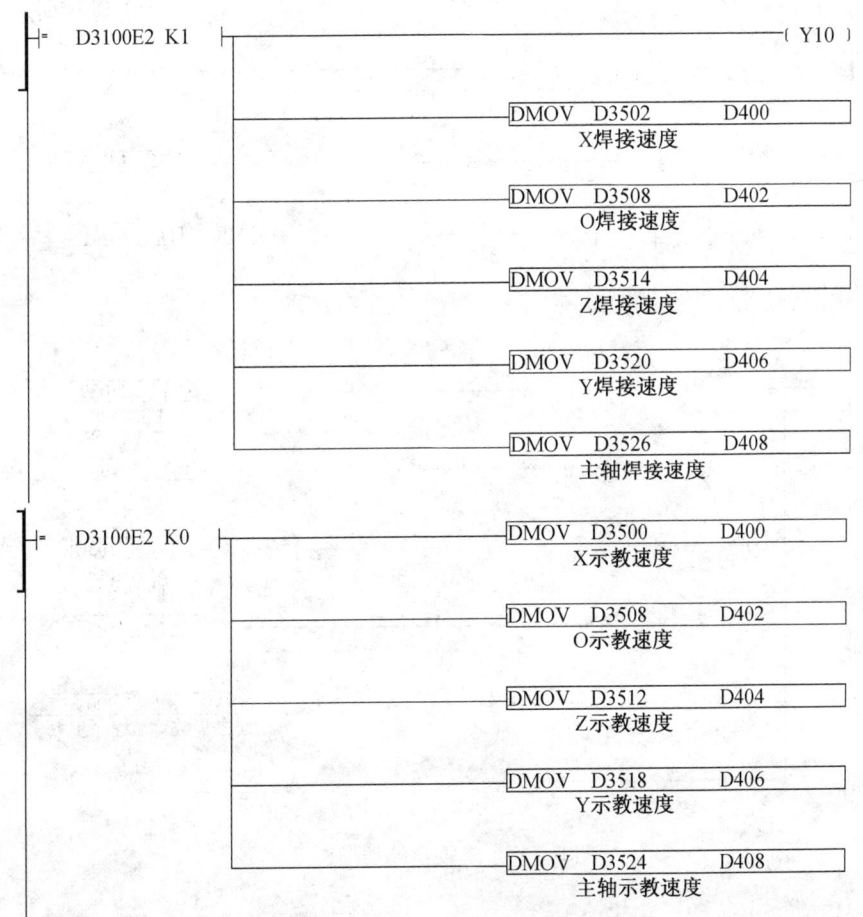

图 5-14 焊接步骤程序图 2

图 5-15、图 5-16 所示程序与图 5-11、图 5-12 所示程序在原理上是一致的,同样利用寄存器 D4000E2、D5000E2、D6000E2、D7000E2 中的脉冲数变化来驱动绝对定位指令运行(随着 E2 数值的变化,D4000 等寄存器会指向不同的地址)。

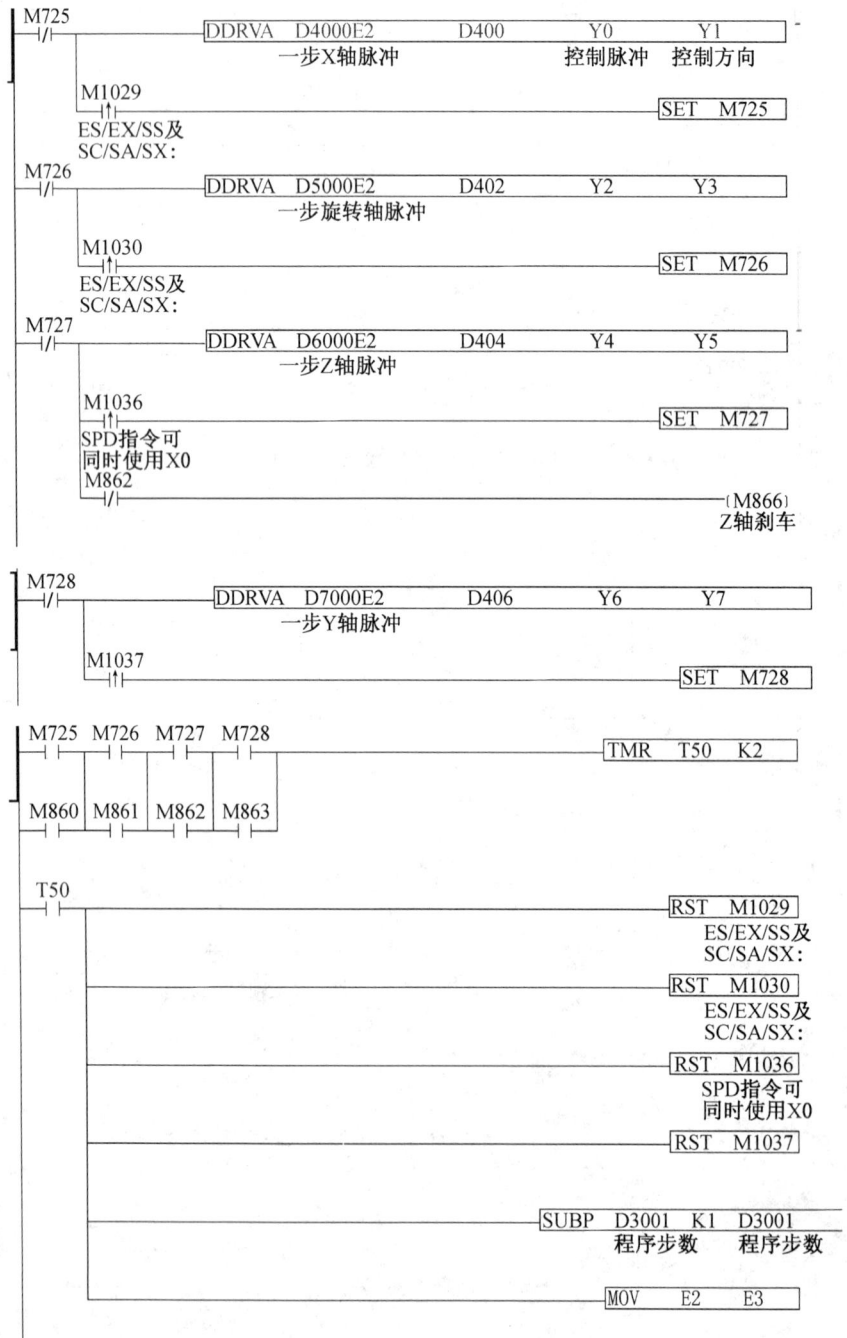

图 5-15 焊接步骤程序图 3

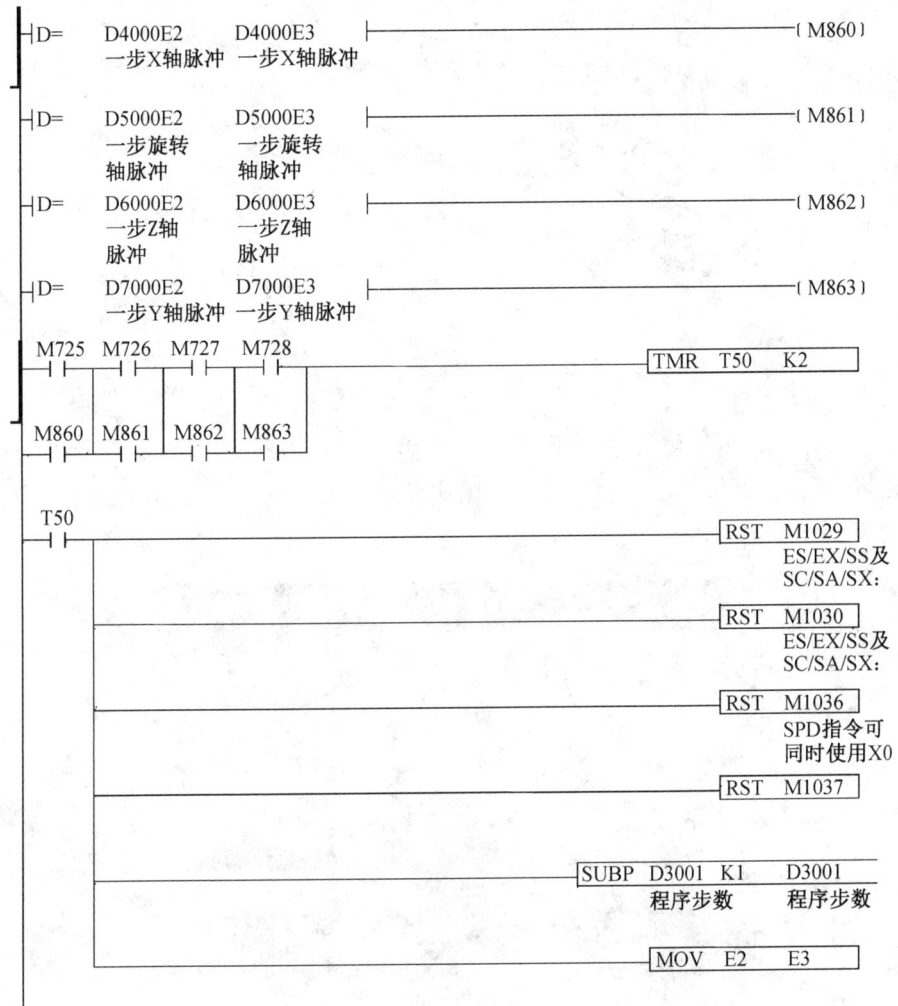

图 5-16 焊接步骤程序图 4

执行完成后,根据 D3001(程序步数)是否等于 1 进行分支判断,D3001(程序步数)大于 1,进入 S25 运行(继续执行示教程序);D3001(程序步数)等于 1,进入 S150 运行(Z 轴回到原点)。

三、触摸屏界面设计

触摸屏界面是本系统人机交互的惟一手段,设计原则是在充分满足客户需求的前提下兼顾操作简易性。依据现场经验、设备特性及客户需求的反馈,本系统触摸屏界面组成示意图如图 5-17 所示。

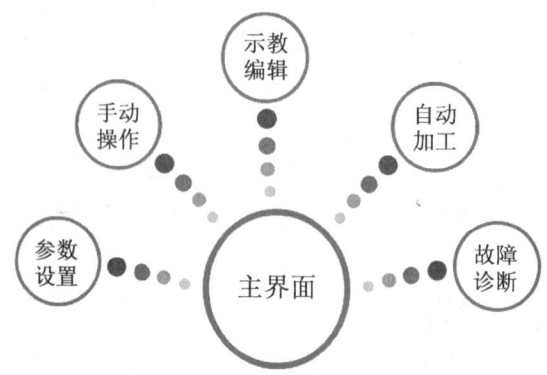

图 5-17 触摸屏界面组成示意图

触摸屏程序设计工作相对较为细碎,大部分内容为界面制作,限于篇幅,本章不再讲解界面制作过程,仅截取本系统触摸屏界面以供业界同仁探讨斧正。主界面如图 5-18 所示,参数设置界面如图 5-19 所示。

图 5-18 主界面

图 5-19 参数设置界面

手动操作界面如图 5-20 所示，示教界面如图 5-21 所示，自动加工界面如图 5-22 所示。

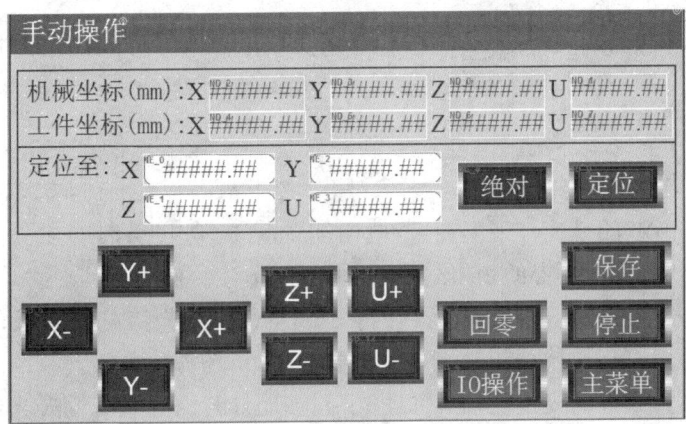

图 5-20 手动操作界面

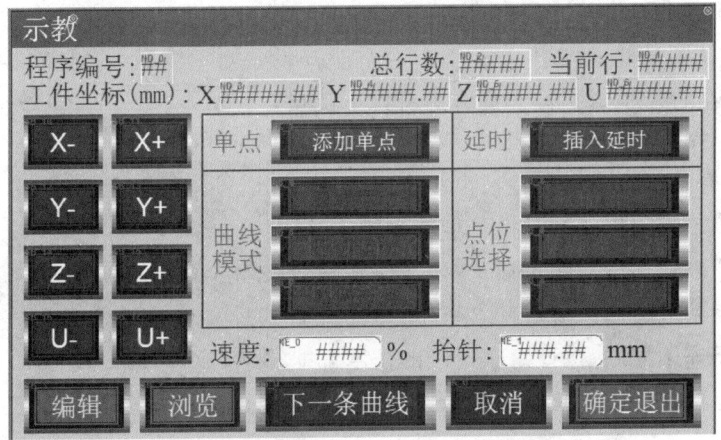

图 5-21 示教界面

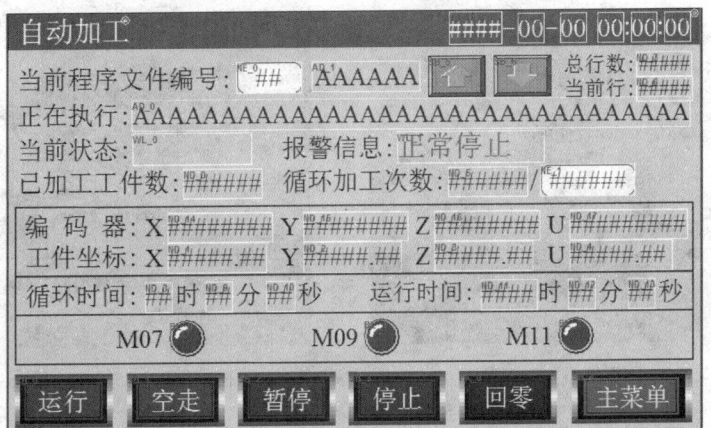

图 5-22 自动加工界面

项目六 LED日光灯灯管自动穿纸机

LED日光灯与传统的日光灯在外形、尺寸、口径上都一样,然而功率10W的LED日光灯亮度要比传统40W的日光灯还要亮,节电比例高达80%以上;LED日光灯的使用寿命为$5\times10^4\sim8\times10^4$h,是普通灯管的10倍以上;LED日光灯的供电电压是AC85~260V,不需要启辉器和镇流器,启动快,功率小,无频闪。因此,LED日光灯是国家绿色节能照明工程重点开发的产品之一,是取代传统日光灯的主要产品,市场需求量很大。

为了使LED日光灯的光线更加柔和,需要在玻璃灯管内穿入一圈荧光纸,生产LED日光灯的厂家人工穿纸需要一个班组十多个人,手工生产量已经完全无法满足生产,提升生产效率已经成为迫在眉睫的一大问题。相对于人工穿纸的低效率和高昂的人工成本,机器换人已经成为生产LED日光灯的厂家首要考虑的一个有效方案。人工穿纸生产车间如图6-1所示,温州技师学院电气技术工作室为企业开发了灯管自动穿纸机,其整体外形如图6-2所示,自动化程度明显提高。此方案有以下特点:

(1) 单人操作,降低人工成本。
(2) 穿纸,套管,冲裁一气呵成,提高生产效率。
(3) 可根据不同规格的产品进行更改和设定不同标准的穿纸长度。
(4) 电机速度和出纸速度可调,方便适应不同熟练程度的操作人员。
(5) 电磁阀精准控制冲裁时间,保证切口部分完美整洁。
(6) 编码器连轴控制,保证每个出纸的长度都能够绝对的保持一致。
(7) 长时间的保持工作状态,相对人工而言,机器设备能长时间地保证工作的稳定性。

图6-1 人工穿纸生产车间

图6-2 灯管自动穿纸机整体外形

一、灯管自动穿纸机设备机电系统

LED 日光灯玻璃灯管自动穿纸机的硬件设备由两方面组成——机械机构和电气控制装置,机电设备相互配合,才能完成设备的工作任务。机械装置主要由温州华泰电子有限公司工人制造,图 6-3 为自动穿纸设备的俯视图,可同时对六根玻璃灯管进行穿纸。图 6-4 为自动穿纸设备传动侧示意图。

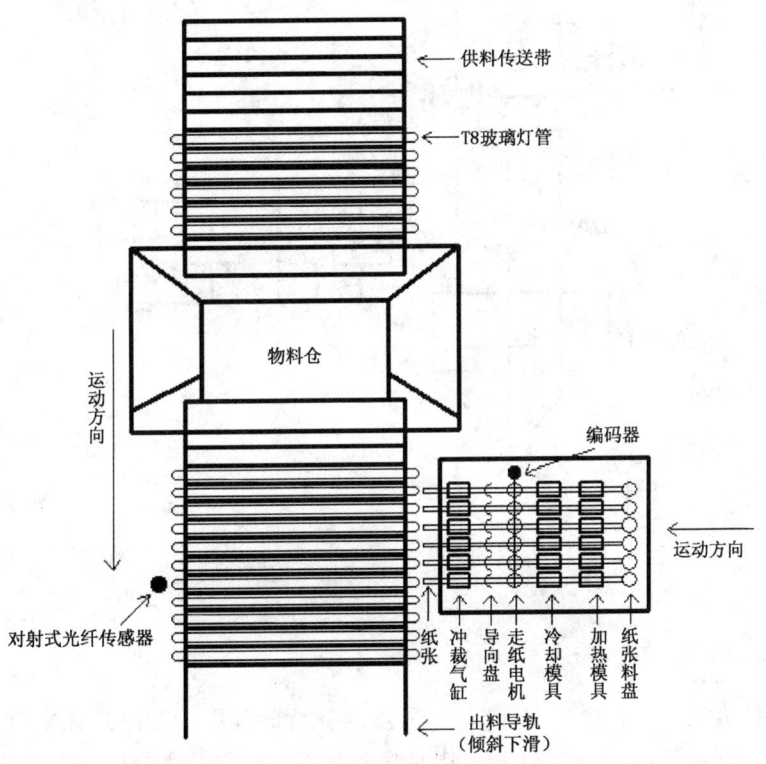

图 6-3 自动穿纸设备俯视图

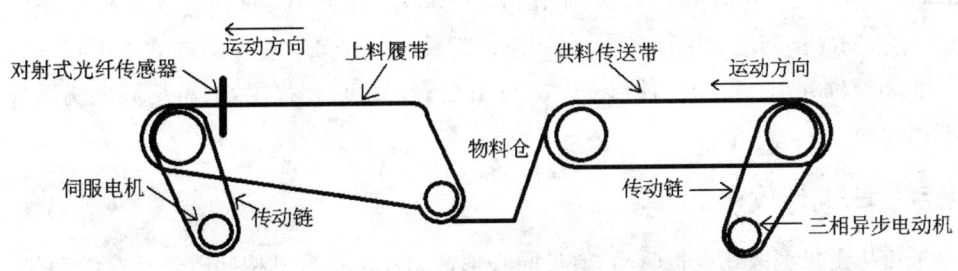

图 6-4 自动穿纸设备传动侧示意图

(一) 供料机构

供料机构的主要作用是将日光灯玻璃管传送到物料仓,由三相异步电动机经链轮减速后带动传送带,电机功率为750W、额定转速为1 430r/min,供料机构电气控制电路如图6-5所示。

三菱FX2N-48MT的PLC的Y5输出口控制K1中间继电器(LY2N-J DC24V),K1控制交流接触器KM1驱动电机。PLC控制器定时控制三相异步电动机运行,确保物料箱内的玻璃灯管能够及时得到补充。

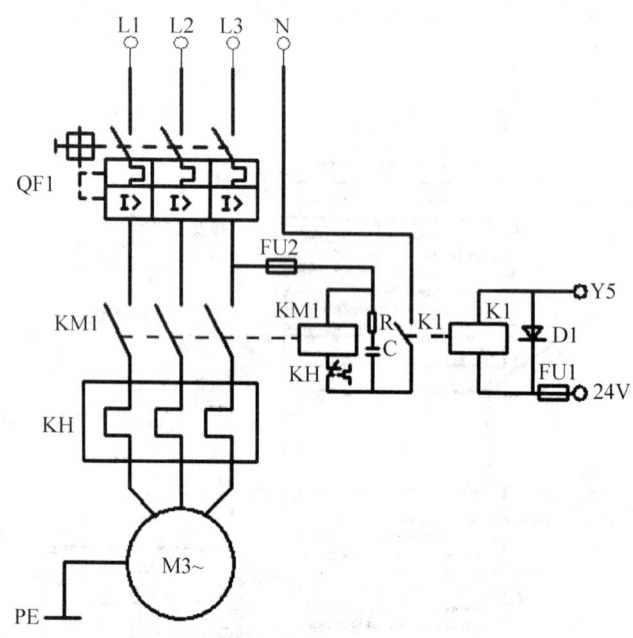

图6-5 供料机构电气控制电路

(二) 上料定位机构

为了保证玻璃灯管与纸的精准对接,采用高精度的基恩士对射式光电传感器进行原位检测。数字光纤放大器FS-V31和光电传感器光纤对射型探头FU-77对原位进行检测,消除链传动过程中产生的误差。传动驱动电机采用伺服电机传动,型号为日本安川SGMGV-13ADC61,功率为1.3kW,工作电压为单相AC220V,将伺服驱动器L1和L2输入端口短接,同时接到电源中性线N,伺服驱动器剩下一个L3输入端口单独接到电源相线L1。若伺服驱动器L1、L2、L3任何一个端口不接会产生缺相报警,上料伺服电机电气连接方案如图6-6所示。

(三) 穿纸机构

穿纸机构由可调减速电机驱动,通过同心轴带动6个穿纸机构同时进行穿纸动作,保证每个机构走纸的长度近视相同。在穿纸过程中,对纸张进行加热、冷却定型、走纸、冲裁等处理。穿纸机构结构示意图如图6-7所示。

1. 加热

为了穿纸方便,在穿纸前先对纸张进行加热,让荧光纸受热变软,容易圈成圆柱形。每

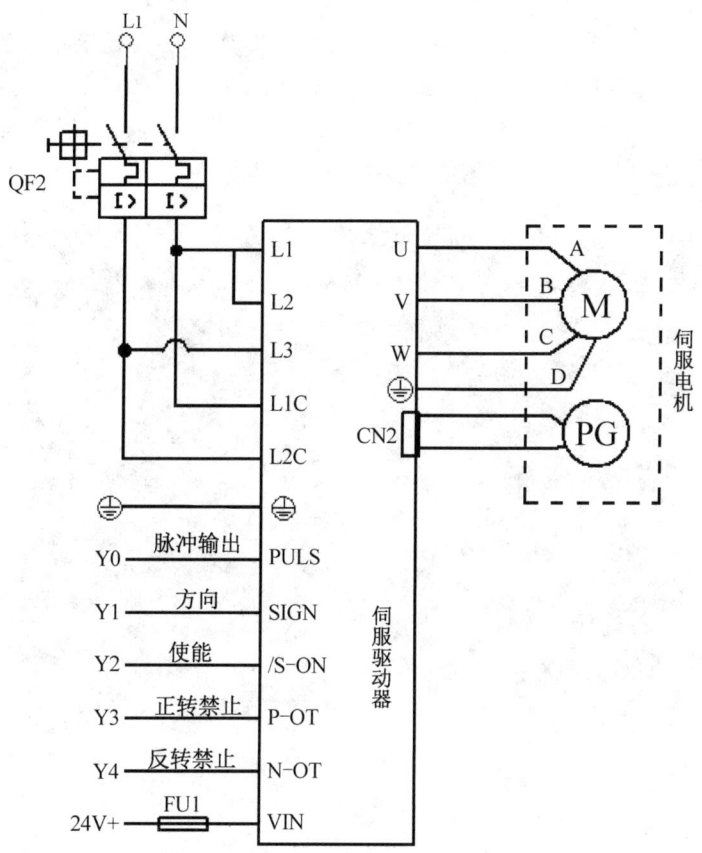

图 6-6 上料伺服电机电气连接方案图

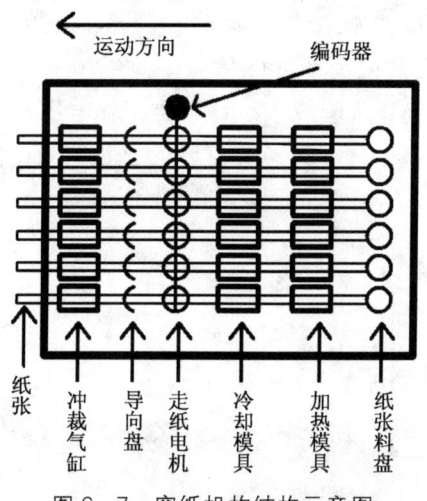

图 6-7 穿纸机构结构示意图

个加热模具内装有 6 个加热管,加热温度由专用温控仪控制,则 6 个模具由 6 台温控仪分别独立控制,再利用温控仪内交流接触器的常开触点作为 PLC 系统温度加热到位信号,接入 PLC 的输入端口使用,温度达到设定温度时才能开启设备运行。

2. 冷却定型

荧光纸加热后柔软,易变形,为防止纸张回弹,须冷却以便荧光纸定型。在穿纸机构加热模具左边安装冷却模具,冷却模具内通有冷却水,用单相水泵电机从水箱内抽水并在冷却模具内进行水循环,水泵电机功率为120W、单相AC220V、转速为2 760r/min、流量为20L/min。穿纸机构及荧光纸成型的实物如图6-8所示。

1—加热模块　2—冷却模块　3—走纸机构　4—导向盘
图6-8　穿纸机构及荧光纸成型的实物

3. 走纸

走纸减速电机型号为2IK6GN-C,电压为AC220V,功率120W,通过调速器US-52进行控制,可实现0~446r/min范围调速,能满足设备对各种纸张材料的需要。同心轴将6个传动轮连接在一起,由减速电机通过同步带进行驱动,走纸电机电气连接如图6-9所示。走纸长度由编码器S3806-2000BM-C526采集,编码器工作电压为DC24V,分辨率为2 000,装置转动中2 000个脉冲约为200mm,T8日光灯管的总长度为1 200mm,减去两边灯座的安装尺寸,实际脉冲的采集范围为11 000~11 500,编码器与PLC连接如图6-10所示。

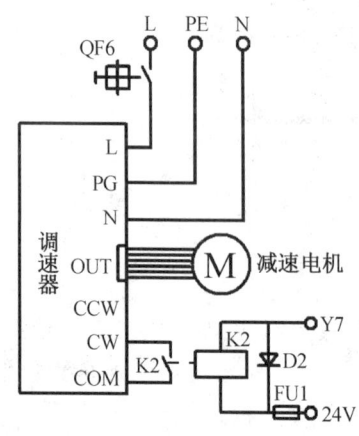
图6-9　走纸电机电气连接示意图

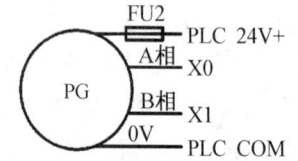
图6-10　编码器与PLC连接示意图

4. 冲裁

当走纸脉冲数达到设置值后（设置值可根据走纸试运行的脉冲数值在触摸屏上设定），减速电机会立即停止动作，延时 0.2s 左右，6 个电磁阀同时得电，启动 6 个气缸进行冲裁动作。电磁阀型号为 4V210-08，电压为 DC24V，由于有 6 个气缸需要驱动，为了气路连接方便，选用 4V210-200M-6F 汇流板做电磁阀底座。为了保证气源的质量，采用 AC4010-04 空气过滤器对空气进行过滤，防止空气中的油和水进入气缸和气管，影响设备的正常运行。电磁阀与 PLC 连接如图 6-11 所示，电磁阀外形如图 6-12 所示。

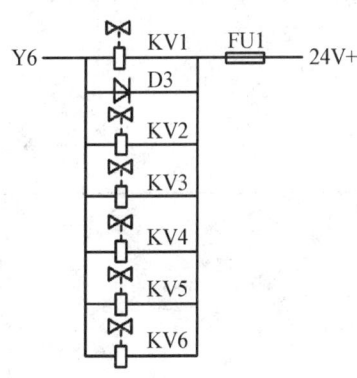 

图 6-11 电磁阀与 PLC 连接示意图　　　　图 6-12 电磁阀外形示意图

二、灯管自动穿纸机的 PLC 控制系统

LED 日光灯玻璃灯管自动穿纸机的电气设备由 PLC、触摸屏、按钮、空气开关、开关电源、光纤传感器、小型继电器、交流接触器、减速电机调速器、减速电机、编码器、气缸、电磁阀、加热装置、三相异步电动机、水泵电机、伺服驱动器、伺服电机组成，控制系统的框图如图 6-13 所示。

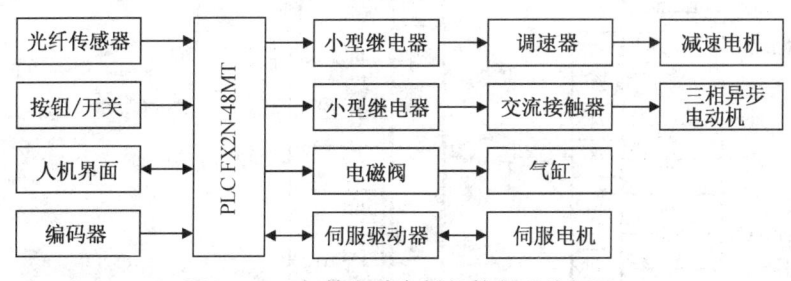

图 6-13 灯管自动穿纸机控制系统框图

（一）PLC 控制器端口分配与外围电路

由于本系统以开关量控制信号为主，采用三菱的 FX2N-48MT-001 晶体管输出可编程控制器，PLC 的 I/O 端口分配见表 6-1，PLC 控制器的外围电路如图 6-14 所示。

表 6-1 PLC 的 I/O 端口分配表

输入端口	功能说明	输出端口	功能说明
X0	编码器 A 相	Y0	脉冲输出
X1	编码器 B 相	Y1	伺服方向
X2	位置光纤	Y2	伺服使能信号
X3	停止	Y3	伺服正转禁止信号
X4	自动/手动	Y4	伺服反转禁止信号
X5	急停	Y5	供料电机
X6	启动	Y6	冲裁
X7	1 号温控仪温度到位	Y7	穿纸电机
X10～X14	2～6 号温控仪温度到位		

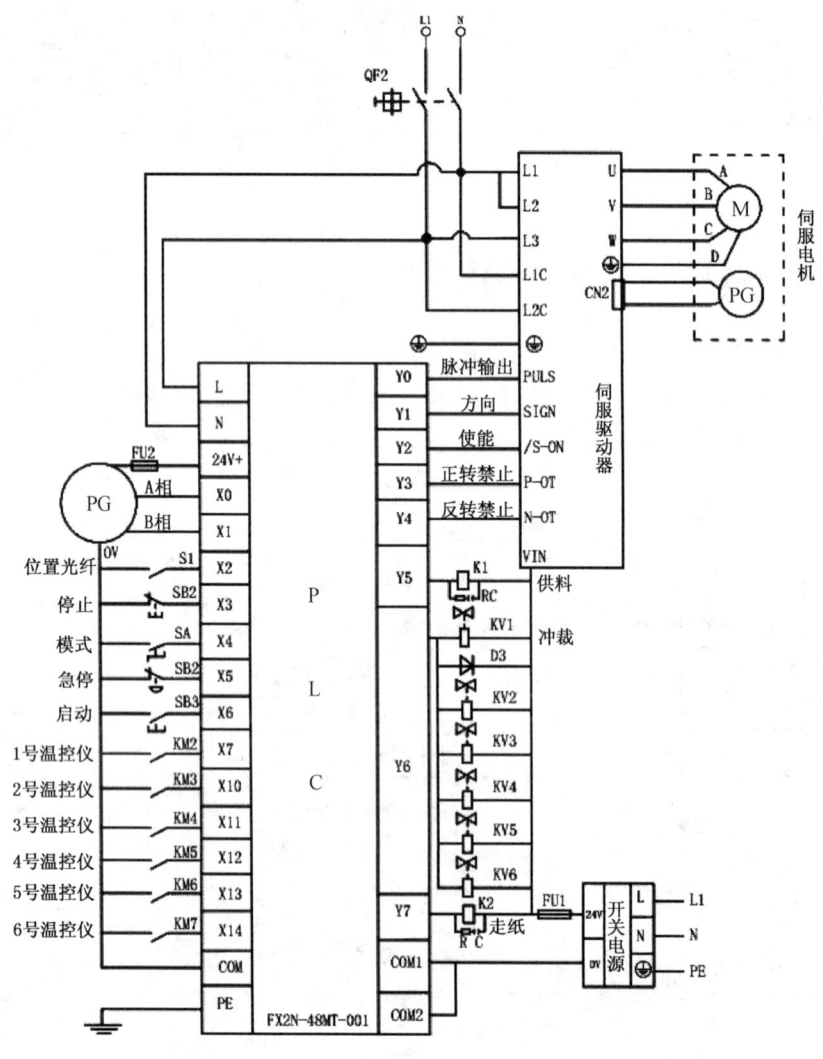

图 6-14 PLC 控制器的外围电路

（二）PLC控制器的程序

1. 程序流程

PLC控制器上电后开始自检，当检测到设备启动按键信号后，伺服电机启动并以低速运行，开始将玻璃灯管送到原点位置。光纤传感器判断玻璃灯管是否到达原点位置，若到位，则伺服电机停止，延时1s后荧光纸开始穿纸，此时由旋转编码器送出脉冲信号，PLC控制器判断穿纸的长度是否达标；若未到指定长度，则继续穿纸，在到达指定长度后停止穿纸动作，延时0.2s后进行冲裁动作。冲裁动作结束后伺服电机再次启动，以高速运行方式开始定位，定位结束后进行一次原点到位判断，以防止由于机械结构引起的误差。定位结束后，若检测到未在原点位置，则伺服电机以低速启动进行原点位置补差动作；定位结束后，若处于原点位置，则伺服电机停转，直接启动下一步的延时穿纸动作。具体的控制程序流程如图6-15所示。

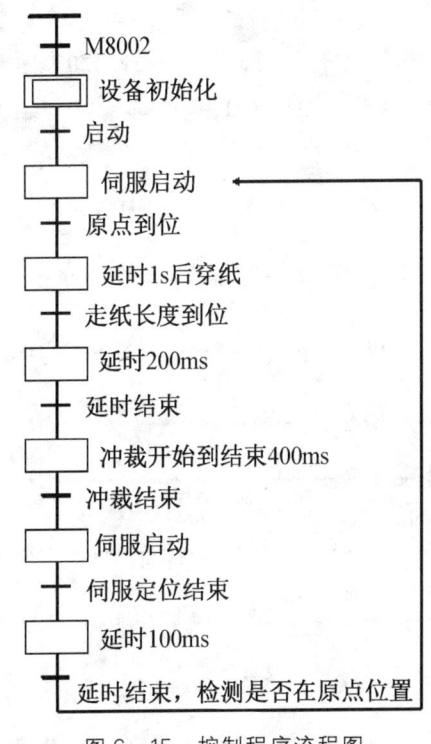

图6-15 控制程序流程图

2. 程序梯形图（节选）

设备开机、温控仪加热时，温度仪表内的接触器常开触点闭合、常闭触点打开，到设定温度，温度仪表内的接触器常开触点才打开、常闭触点闭合。只有当6台温控仪温度全部到达时，PLC控制才可启动运行，故PLC程序中采用常闭触点输入；当所有的加热装置温度达到后，按下启动按钮，设备执行回原点程序，如图6-16所示。

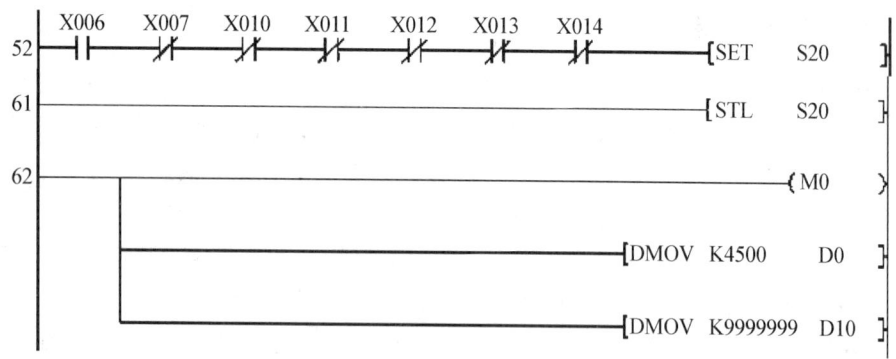

图 6-16 启动回原点程序

图 6-17 所示程序段是手动模式下对伺服电机的进给速度进行调整,管理员可根据当前的操作需求在触摸屏上进行不同频率的设定。频率的加减量有 3 个挡位,分别为 100、500、1000,对应 M30、M31、M32 这 3 个辅助继电器。在触摸屏上选择好相应的挡位,按下后可按下触摸屏上的"+""-"按钮,对应程序中的 M28,M29 辅助继电器可实现选择挡位的幅度,对脉冲频率进行加减,脉冲频率速度的上限为 12 000Hz,下限为 0Hz。

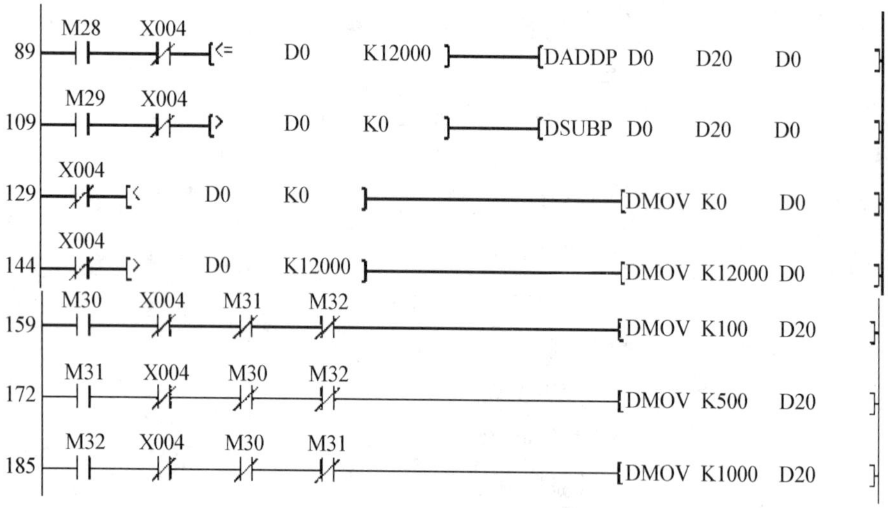

图 6-17 伺服手动频率设置

控制系统每次穿纸结束后会记录当下生产的数量,记录四部分产量,分别为日产量、周产量、月产量和总产量。每个产量可根据需要由管理员在触摸屏上进行清零复位。由于设备运行时每次穿纸的数量为 6 根,所以在记录的时候根据穿纸的速度配合乘法指令对其进行运算乘 6,如图 6-18 所示。

为防止意外紧急情况的发生,采用 PLC 特殊辅助继电器 M8037 作为急停元件。当急停按钮按下时 M8037 得电,PLC 控制设备停止运行,如图 6-19 所示。

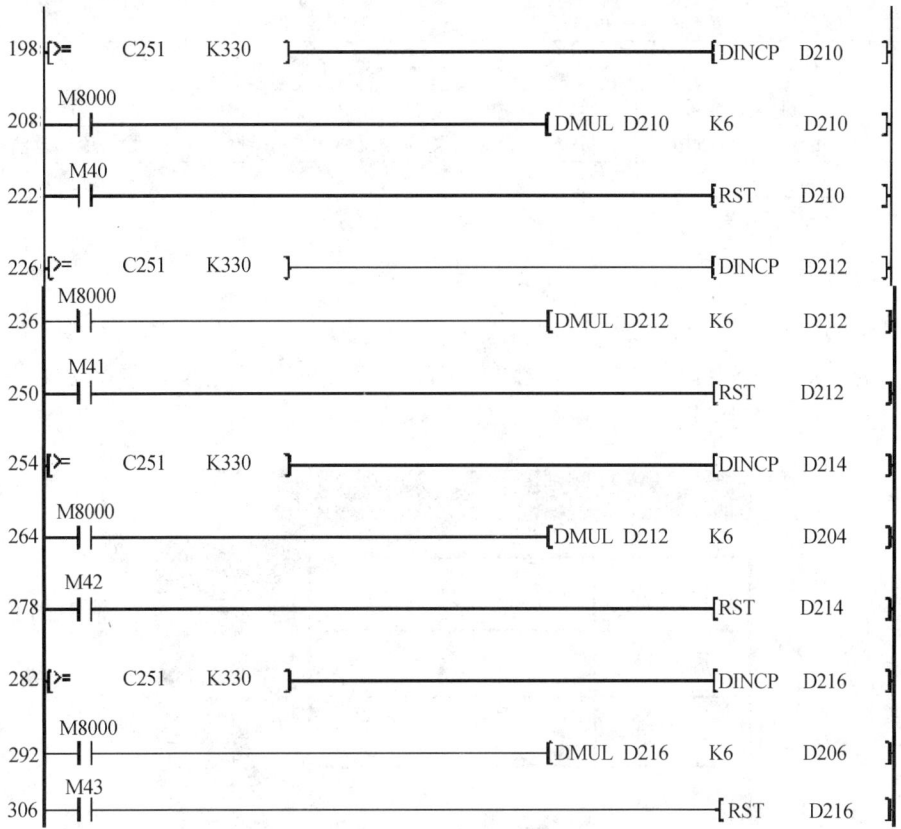

图 6-18 生产量的记录和复位

图 6-19 急停保护

三、触摸屏界面设计

为了更直观地显示设备的状态和产量等信息,采用 MCGS7063HI 触摸屏作为人机信息交换界面,可同时对手动模式、产量、I/O 状态进行监视和改写。触摸屏元件分配见表 6-2。

表 6-2 触摸屏元件分配表

寄存器		辅助继电器			
D0	频率	M0	自动模式正转	M28	手动模式加速
D10	脉冲数	M10	次数校验信号	M29	手动模式减速
D200	日产量	M20	手动穿纸	M30	微调速率 100
D202	周产量	M21	手动冲裁	M31	微调速率 500
D204	月产量	M24	手动正转(触屏)	M32	微调速率 1 000
D206	总产量	M25	手动反转(触屏)	M40	日产量清零

续表

寄存器		辅助继电器			
D300	电机停止时间	M26	手动模式正转	M41	周产量清零
D310	电机启动时间	M27	手动模式反转	M42	月产量清零
				M43	总产量清零

(一) 工位生产产量界面

对设备的生产进行记录,记录设备当天、当周、当月及总的产量。可让管理人员直观地了解当前的产量并做好各项生产计划,触摸屏产量界面如图6-20所示,界面右上角显示的是工作时间,右边一列可进行界面模式选择。

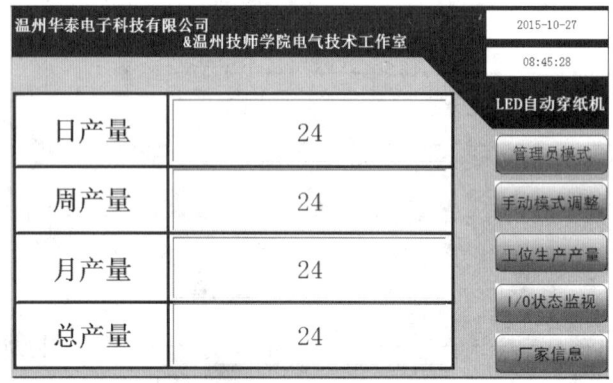

图6-20 触摸屏产量界面

(二) I/O状态监视界面

利用触摸屏内的指示灯显示部分I/O状态,方便管理人员及维修人员能够直观地了解各I/O的工作状态,考虑到温控仪上有指示灯,故舍去了温控仪的状态显示,部分I/O监视状态界面如图6-21所示。

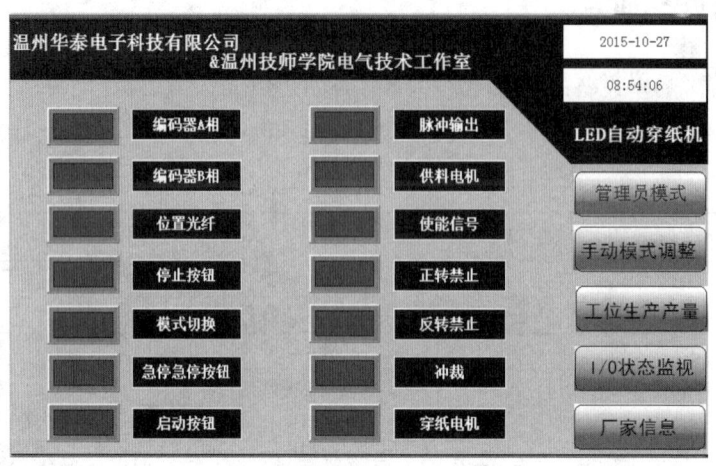

图6-21 部分I/O监视状态界面

（三）手动模式调整界面

利用 PLC 的 M 元件在触摸屏上设置调试按钮,可方便地改变 PLC 内部参数,以实现设备的部分功能启停及伺服电机的调速。其中,界面上的 100、500、1 000 三个按钮为伺服电机频率的一次调整幅度,可根据用户及调试人员的调整范围需求进行调整幅度的选择。伺服频率的默认调整范围为 0～12 000 Hz。它的界面只有在模式选择开关打到手动模式下才有效,如图 6-22 所示。

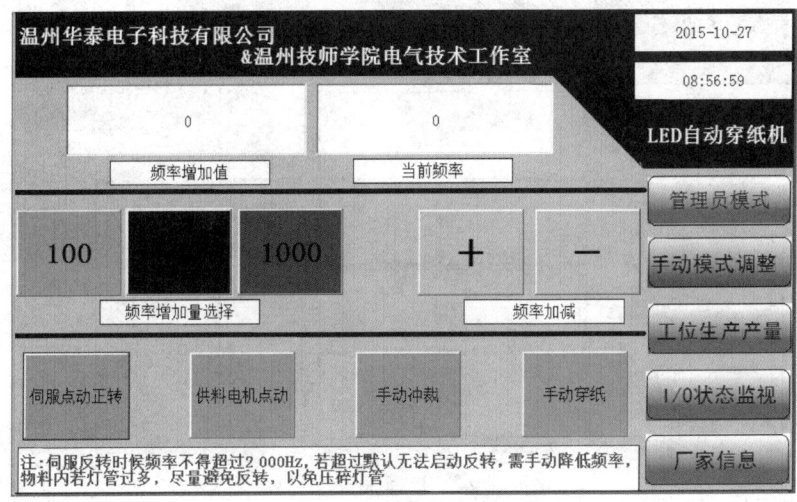

图 6-22　手动模式调整界面

（四）管理员登录界面

在界面中,为防止非相关人员随意更改,仅有管理员才可对生产需求的参数进行设定。管理员登录密码为 7777,如图 6-23 所示。

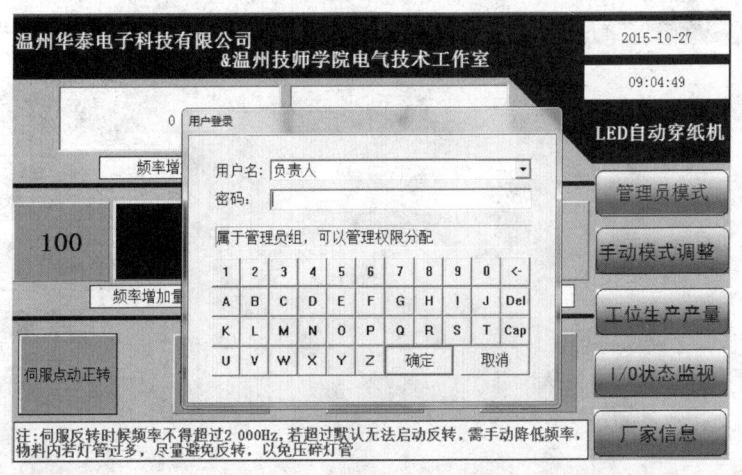

图 6-23　管理员登录界面

（五）管理员操作界面

管理员操作界面如图6-24所示。管理员记录当前产量后可根据记录状况对相应的参数清零（不可恢复，小心操作）。供料电机的时间设定以0.1s为单位，例如：10＝1s。纸张长度默设定认为12 000个脉冲量，长度近似于120cm，误差精度为±1cm，管理员可根据当前的灯管长度自行对纸张长度参数进行修改。

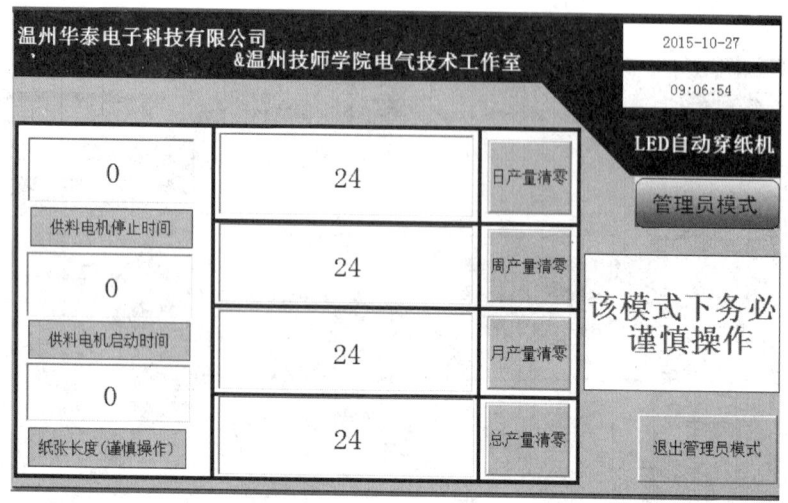

图6-24　管理员操作界面

（六）厂家信息界面

为保证以后的业务扩展和维修需要而制作了厂家信息界面，置入工作室负责人的联系方式，如图6-25所示。

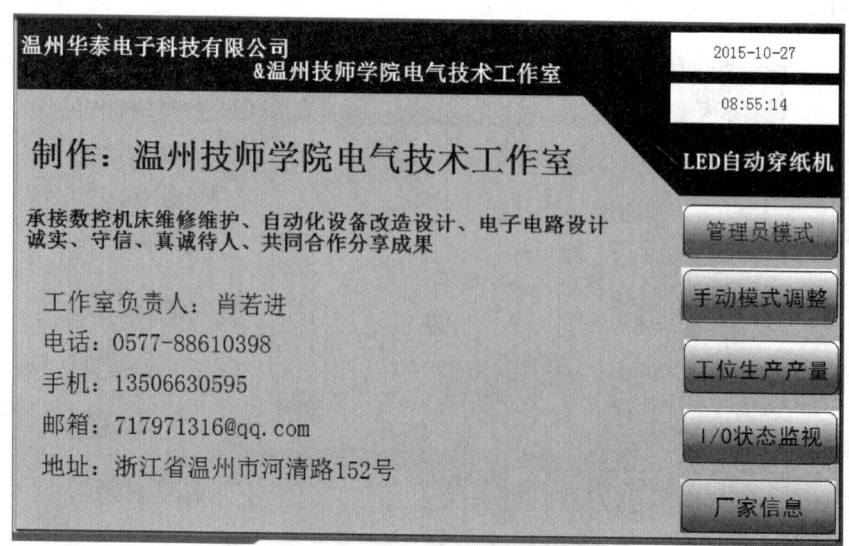

图6-25　厂家信息界面

项目七　轴承内圈研磨全自动滚棒超精机

为了减少轴承的摩擦力,轴承的内、外圈都需要研磨,传统的轴承内圈研磨需要人工手动操作,冬天工人生产效率低、人力成本高,且产品的质量参差不齐,这样的生产方式已经无法满足现代工业生产的需要。如图7-1所示为人工操作场景,一个人只能完成一台设备的操作。

为解决人工轴承内圈研磨的低效率和高昂的人工成本问题,机器换人已经成为生产厂家首要考虑的一个有效方案。宁波第二技师学院技师班学生配合企业开发了轴承内圈研磨全自动滚棒超精机,能自动完成轴承的上、下料作业,如图7-2所示。此方案主要解决的技术问题是提供了一种自动化程度高、生产效率高的轴承内圈研磨的全自动化生产路径。它有以下亮点:

(1) 应用大量传感器实现智能控制。
(2) 设备运行数据实行计算机集中管理。
(3) 日产量从10 000件提高到40 000件,成品率从80%提升到95%。

图7-1　人工操作

图7-2　轴承内圈研磨全自动滚棒超精机

一、轴承内圈研磨全自动滚棒超精机硬件

轴承内圈研磨全自动滚棒超精机的硬件设备由两大部分组成:机械装置和电气控制装置,机电装置相互配合,才能发挥本设备的作用。

(一) 机械装置

机械装置主要由宁波庄宏亿轴承有限公司工人制造,如图7-3所示是轴承内圈研磨全自动滚棒超精机整机结构图,整个机械可以分为六大功能机构。

(1) 上料机构,上料机构位于机器的右上角,作用是将轴承依次装入水平料槽,确定到

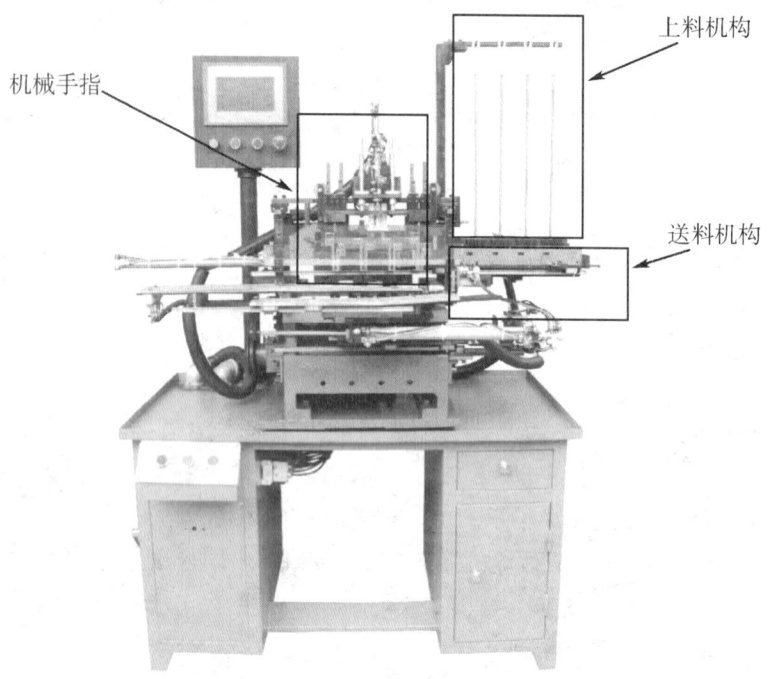

图 7-3 轴承内圈研磨全自动滚棒超精机整机结构

位后进入垂直料槽,套圈转向定位移送到接料槽。

(2) 送料机构,送料机构在上料机构的下面,作用是将上料机构移送过来的轴承送入机械手指抓取区域。

(3) 机械手指,机械手指位于机器的中部,由两幅手指组成,一个作用是将待加工的轴承抓取送入料斗,另一个作用是将完成加工好的轴承从料斗中抓取送到出料槽。

(4) 分料斗机构,如图 7-4 所示。分料斗的作用是将轴承精准定位送入摆头超精研磨工位。

图 7-4 分料斗机构

(5) 超精研磨机构,如图 7-5 所示。超精研磨机构是整个机器的核心,由摆头结构和滚棒机构组成,摆头机构运动由变频调速电机驱动,滚棒研磨机构运动也是由变频调速电机驱动,整个机构配合协调完成超精研磨加工轴承内圈。

(6) 出料机构,如图 7-6 所示。出料机构的作用是将加工完成的轴承送入成品槽中。

项目七　轴承内圈研磨全自动滚棒超精机

图 7-5　超精研磨机构

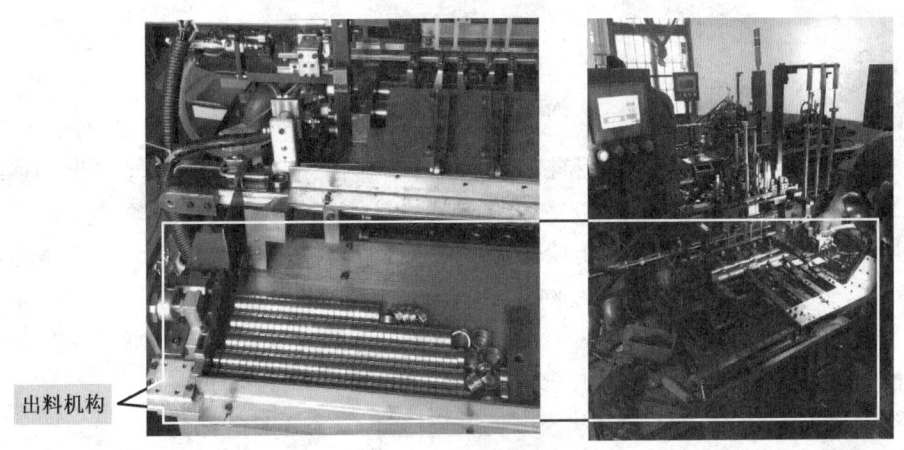

图 7-6　出料机构

(二) 电气控制装置

轴承内圈研磨全自动滚棒超精机的电气控制装置由 PLC、触摸屏、按钮、空气开关、开关电源、光纤传感器、小型继电器、交流接触器、电机调速器、减速电机、编码器、气缸、电磁阀、三相异步电动机、研磨液泵电机、变频器等组成，控制系统框图如图 7-7 所示，电气控制装置实物与安装位置如图 7-8 所示。

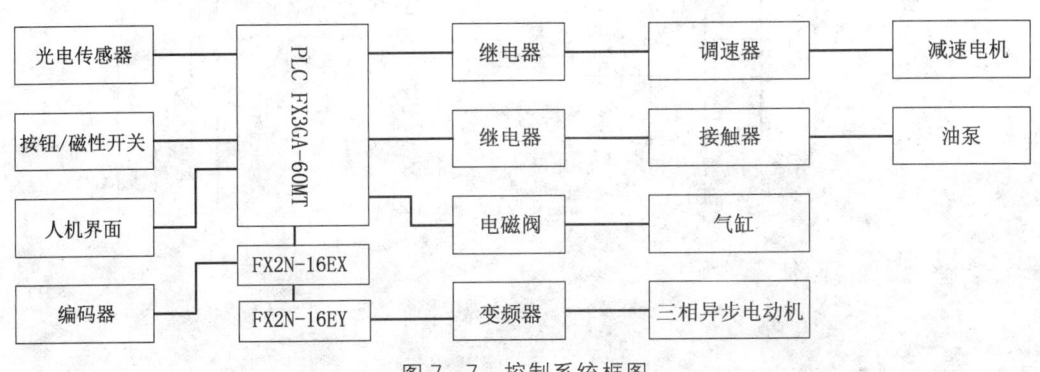

图 7-7　控制系统框图

图 7-8 电气控制装置实物及安装位置示意图

1. 电源及主电路系统

主电源电路如图 7-9 所示,断路器 QF 的输入端连接电压为 380V/AC 的三相电源,输出分别连接接触器 KM1 的输入端和接触器 KM2 的输入端,接触器 KM1 输出端连接油泵电机 M1,接触器 KM2 输出端连接三相供电端子 L11、L12、L13、N,向变频器供电。

三相电源 L1、L2 两相连接到变压器 TC 的原绕组,变压器 TC 的第一副绕组输出电压为 36V/AC,第二副绕组输出电压为 24V/AC,第一副绕组顺次连接停止按钮 SB1、启动按钮 SB2、停止按钮 SB3 和接触器 KM2 的线圈,启动按钮 SB2 与接触器 KM2 的辅助触点 KM2′ 并联形成自锁,第二副绕组连接电源指示灯 HL1 的两端。

三相供电端子中 L3 和零线连接至开关电源的输入端,开关电源输入为 220V/AC,输出为 24V/DC。三相供电端子中 L1 和零线通过照明开关 SA1 为照明灯 HL2 供电。

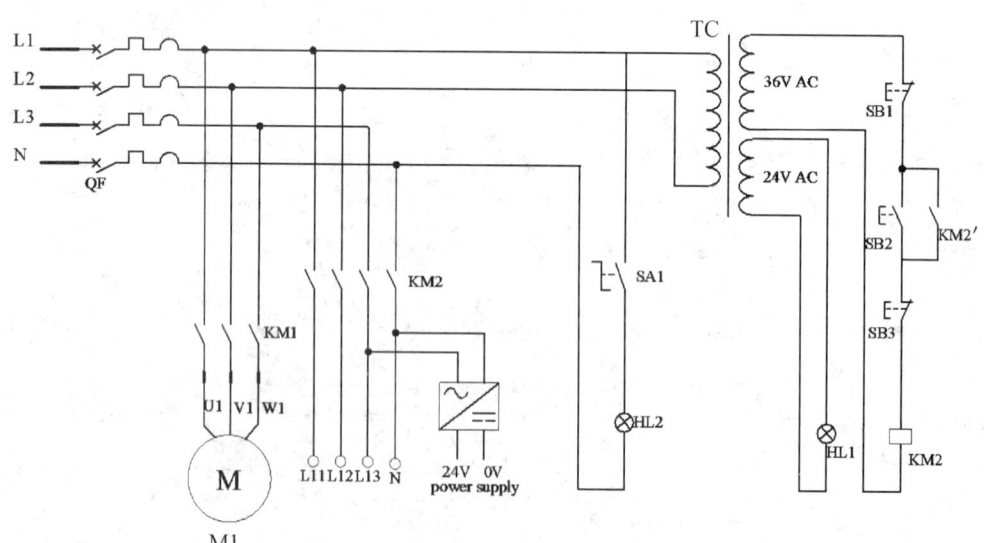

图 7-9 主电源电路

2. PLC 及变频控制电路

轴承内圈全自动研磨滚棒超精机需要多台电机配合运行,为了对电机运行做到精准控制,使用三台变频器,连接电路如图 7-10 所示,表 7-1 对驱动电机与变频器连接加以说明。

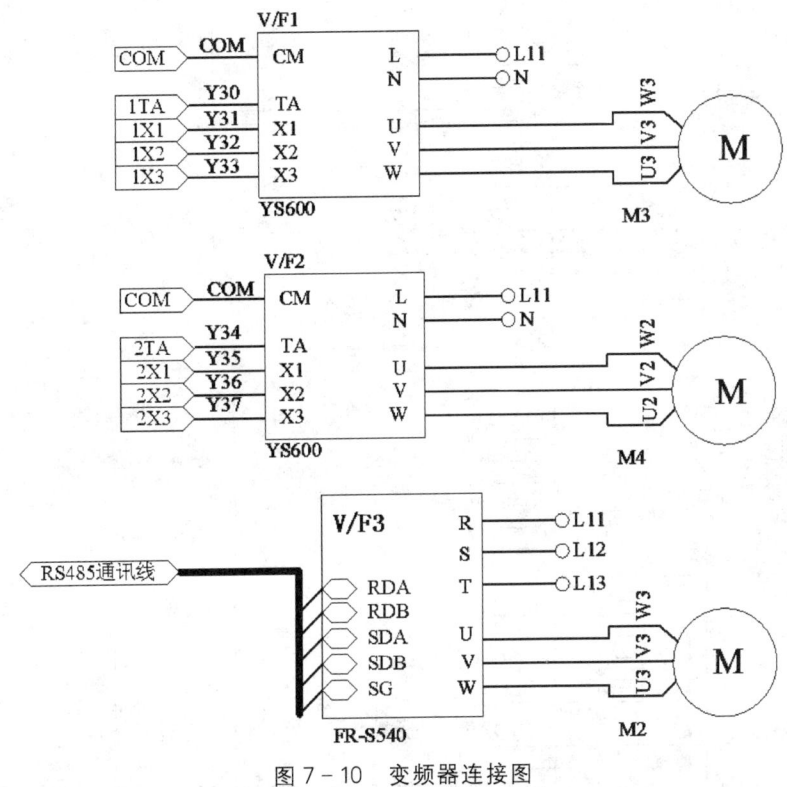

图 7-10 变频器连接图

表 7-1 驱动电机与变频器连接说明

电机	电机效用	变频器	变频器与 PLC 的连接
M2	传送带驱动电机	F3	通过 RS485 通讯线连接
M3	研磨棒电机	F1	通过扩展输出模块 5 连接
M4	摆头电机	F2	通过扩展输出模块 5 连接

PLC 控制电路如图 7-11 所示,虚线框将图中各功能模块分开,PLC 控制器的基本单元模块 1 型号为 FX3GA-60MR-CM,并应用了输入扩展单元模块 2 和输出扩展单元模块 3,型号分别为 FX2N-16EX 和 FX2N-16ERY。控制系统中连接了多个位置传感器,如图 7-11 中 4 和 6 所示,传感器的具体地址号与名称见表 7-2 中的"输入"。控制器系统输出端连接多个动作线圈,如图 7-11 中 5 区所示,动作线圈的具体地址号与名称见表 7-2 中的"输出"。

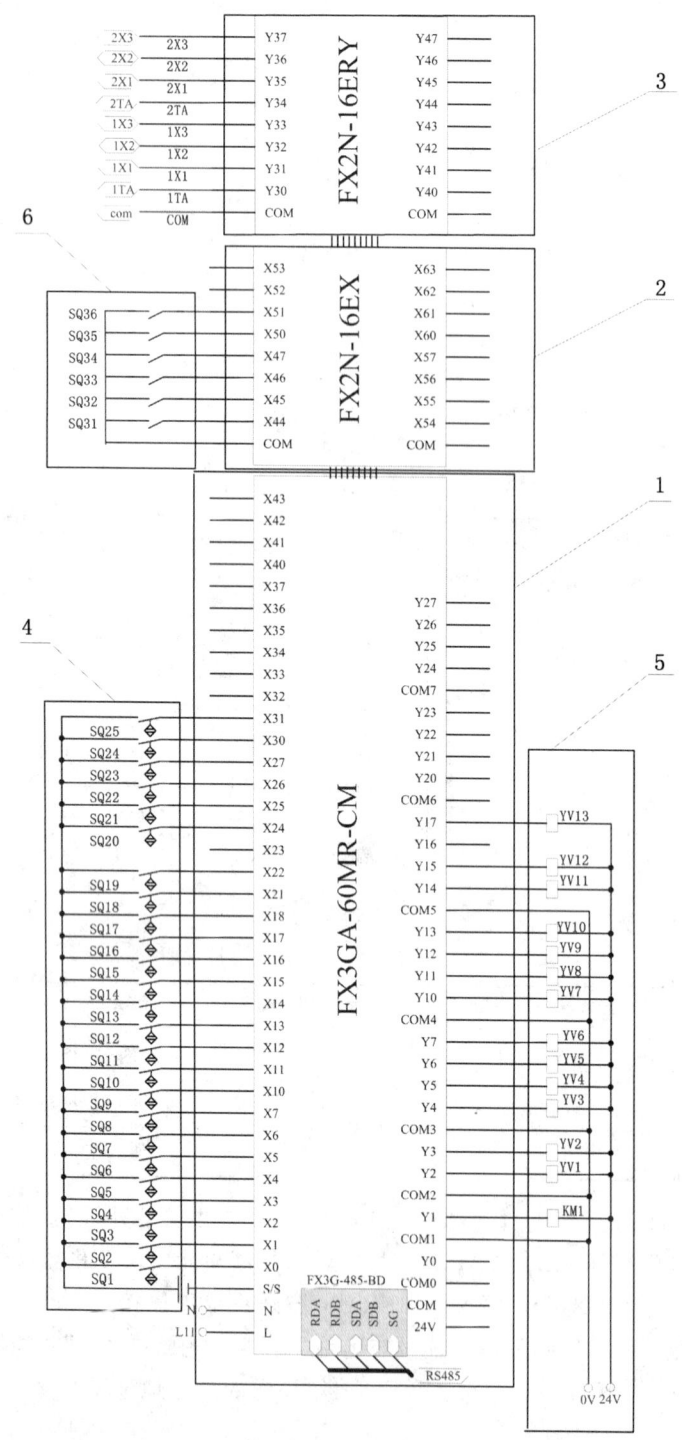

1—PLC 基本单元模块　2—PLC 输入扩展单元模块　3—PLC 输出扩展单元模块
4—现场输入信号　5—驱动负载的继电器　6—现场输入信号

图 7-11　PLC 控制电路

表 7-2 PLC 的 I/O 分配表

输入		输出	
地址号	名称	地址号	名称
X0	水平推料原位	Y0	空
X1	水平推料到位	Y1	KM1 接触器
X2	垂直推料原位	Y2	垂直推料
X3	垂直推料到位	Y3	套圈转向
X4	套圈转向原位	Y4	移送接料
X5	套圈转向到位	Y5	手指横移
X6	移送接料到位	Y6	手指1
X7	移送接料原位	Y7	手指2
X10	手指横移原位	Y10	手指夹紧
X11	手指横移到位	Y11	料斗横移
X12	手指1原位	Y12	料斗夹紧
X13	手指1到位	Y13	出料
X14	手指2原位	Y14	出料移送
X15	手指2到位	Y15	水平推料
X16	手指夹紧	Y16	—
X17	手指放松	Y17	摆头升降
X20	料斗横移原位	Y30	滚棒电机运行信号
X21	料斗横移到位	Y31	速1
X22	料斗夹紧	Y32	速2
X23	—	Y33	速3
X24	出料机构原位	Y34	摆头电机运行信号
X25	出料机构到位	Y35	速1
X26	出料移送原位	Y36	速2
X27	出料移送到位	Y37	速3
X30	摆头升降到位		
X31	摆头升降原位		
X32	摆头定位点		
X33	出料槽物料检测		
X34	挡板门保护		
X35	急停		

二、PLC 程序设计

PLC 控制器上电后开始设备自检,当检测到设备没有在初始位,设备发出报警信号,待工人操作机器,让设备各机械机构回到初始位置,系统发出正常提示信号。设备进入工作模式选项,设备的具体程序(工艺)流程如图 7-12 所示。

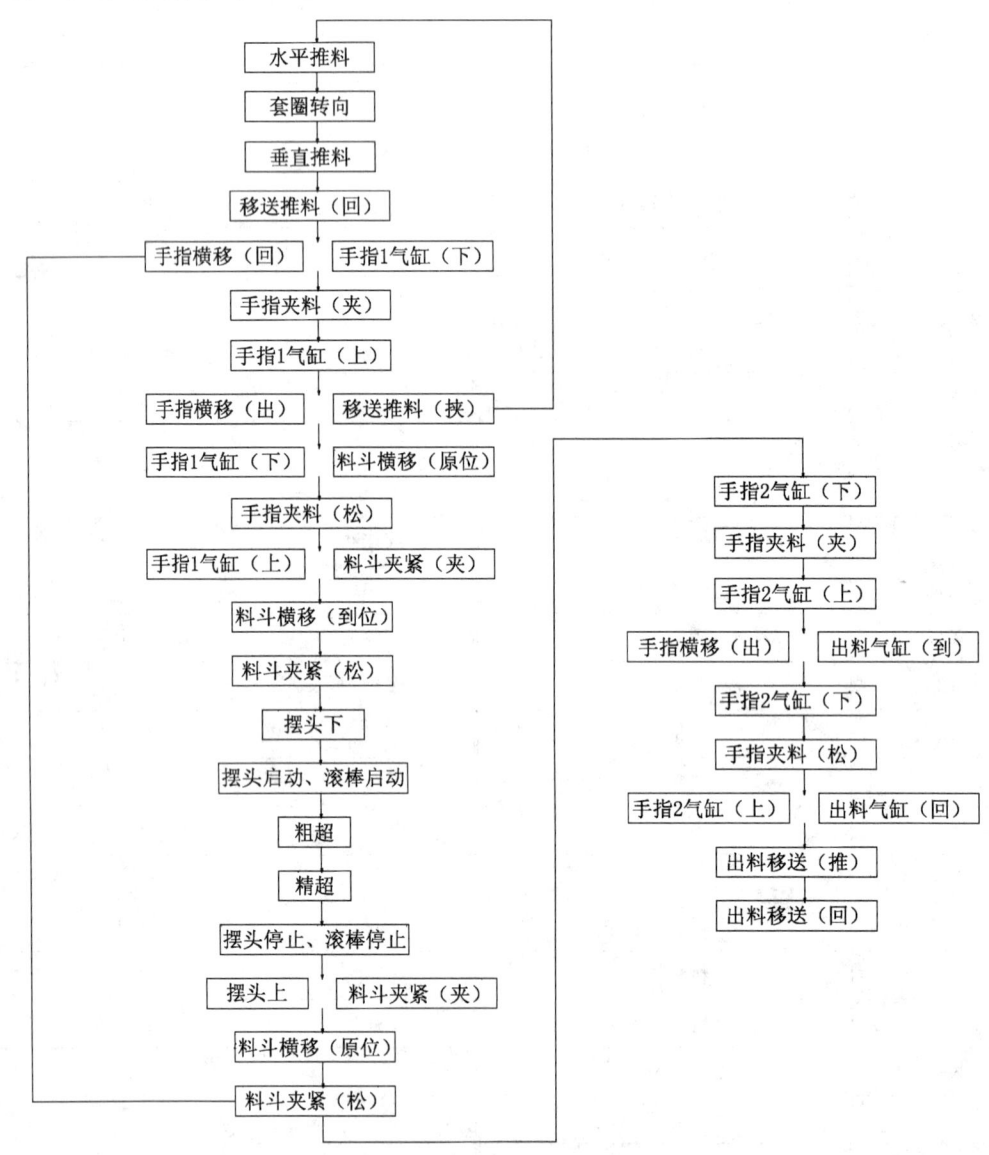

图 7-12 PLC 控制器程序(工艺)流程图

(一) PLC 的 I/O 分配

在编程前,根据 PLC 的接线图,明确输入和输出口的功能,再细化辅助继电器的功能,具体 PLC 的 I/O 分配表见表 7-2。

（二）梯形图

1. 启动程序

设备只有各机构到达初始位才能运行，而每个机构又是独立的。为了与整个控制系统关联起来，从每个机构中取一组常开作为判断机械是否到位，只有当6个机构全部到达初始位时，设备运行才可启动。按下启动按钮执行回原点程序，如图7-13所示。

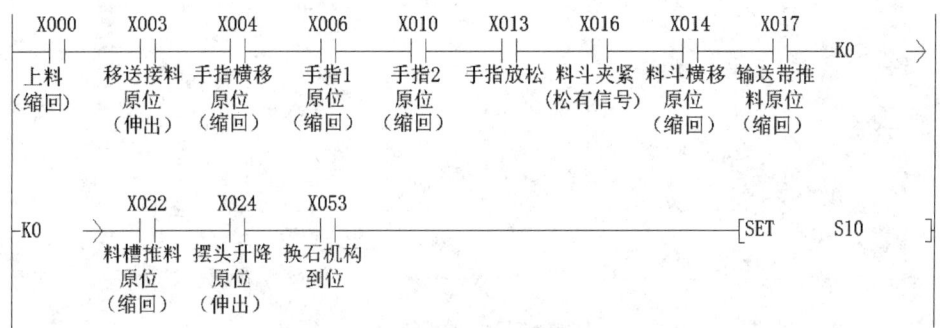

图 7-13 启动程序

2. 手动单步模式

设备提供了手动单步运行模式，可以在手动模式下对变频电机的进给速度进行调整，管理员可根据工人的操作速度在触摸屏上对变频器电机的速度进行设定，每个机构都能单步操作启停，手动程序如图7-14所示。

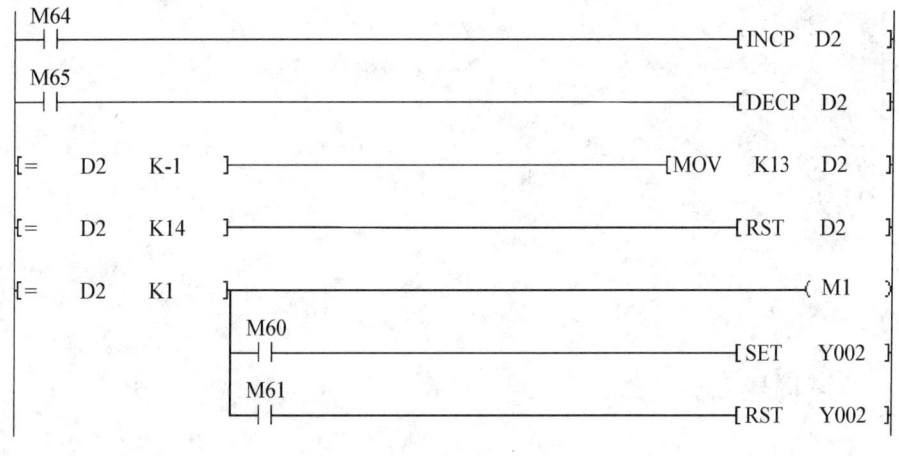

图 7-14 手动程序

3. 报警系统

为了方便生产管理，控制系统自动检测设备的故障范围，记录数据，确认机构的损坏部位，设备会自动停机。管理员可在触摸屏上进行查看检修的提示部件，报警程序如图7-15所示。

4. 产量统计

为了方便生产管理，控制系统自动记录产量，记录数据有日产量、周产量、月产量和总产量。可根据需要由管理员在触摸屏上对每个产量进行清零复位,产量统计程序如图 7-16 所示。

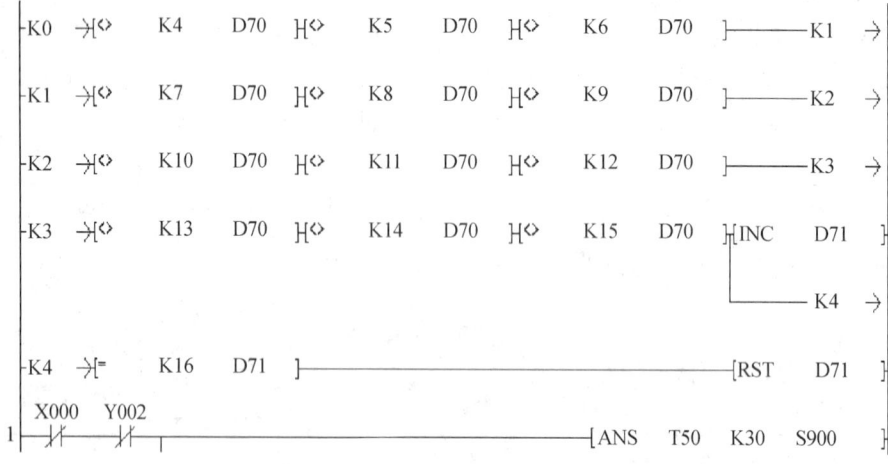

图 7-15 报警程序

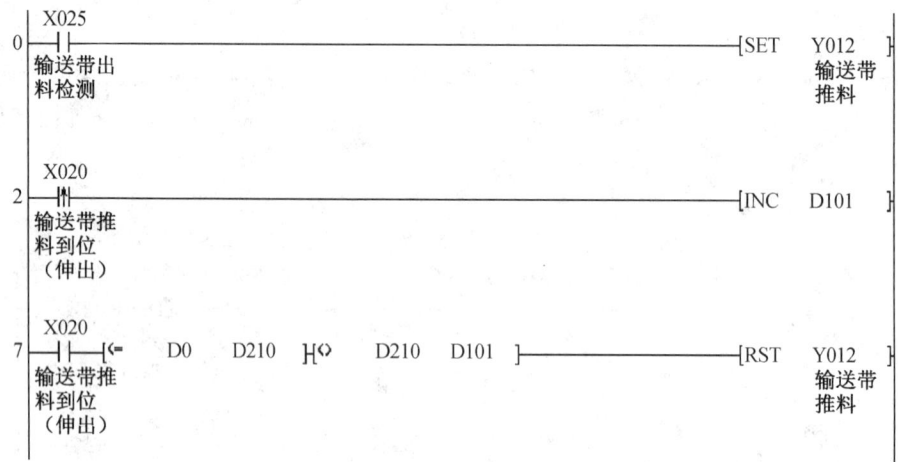

图 7-16 产量统计程序

三、触摸屏界面设计

触摸屏是人机交互界面,显示内容应该简洁,操作方法应该直接方便。轴承内圈研磨全自动滚棒超精机的触摸屏右上角是显示工作时间,右边一列为界面模式选择,分为管理员模式、手动模式调整、工位生产产量、I/O 状态监视、厂家信息五个子界面。进入管理员界面,可以对工作参数进行更改和清零。为防止非相关人员随意更改,故设置了管理员登录密码,管理员登录密码为 1234,如图 7-17 所示。

进入管理员界面后,可对相应的参数清零,参数清零后不可恢复,须小心操作;电机工作参数也可微调,如图 7-18 所示。

在控制面板上的模式选择开关打到手动模式时,进入手动模式调整,可以对设备的每个机构进行单独控制,并能监视部件的运行状态,如图7-19所示。

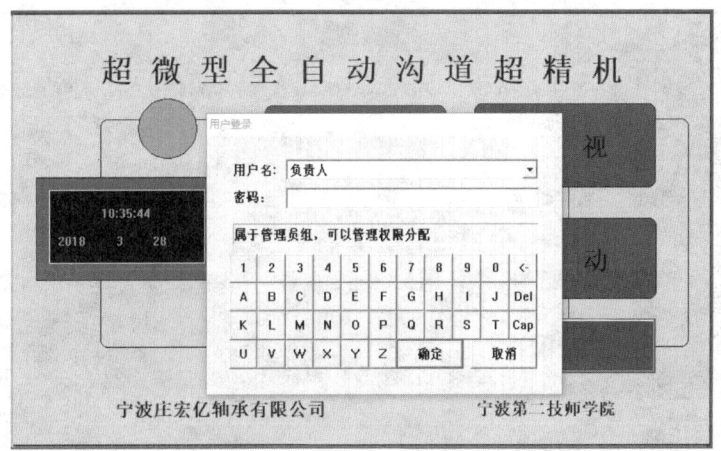

图7-17 管理员登录界面

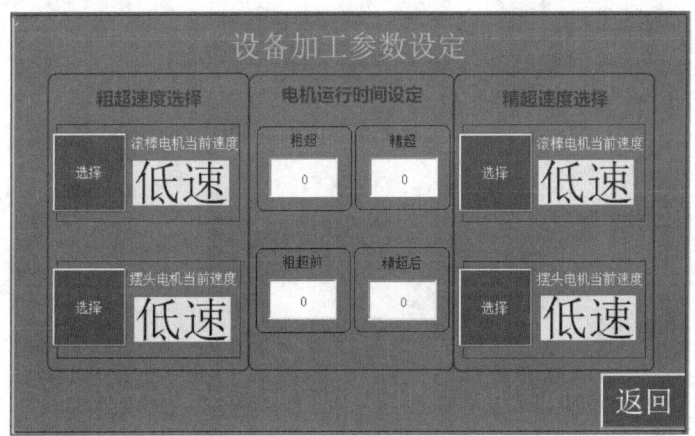

图7-18 加工参数设置界面

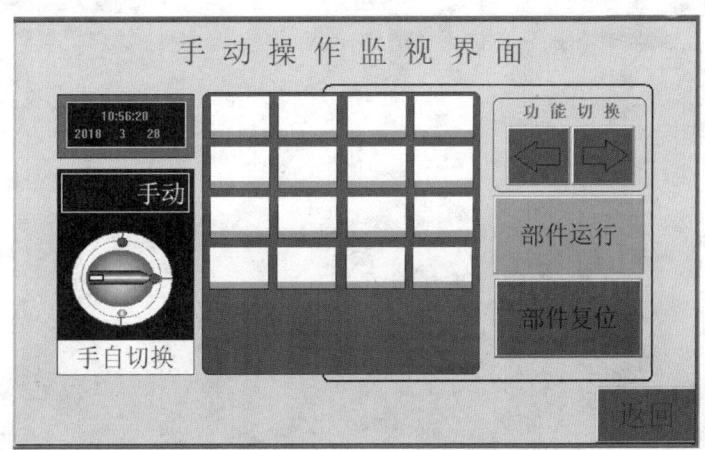

图7-19 手动监视界面

进入状态监视,即报警保护系统,器件和部位都会在触摸屏上呈现监控状态,方便管理人员及维修人员检测各机构的当前状态,如图7-20所示。

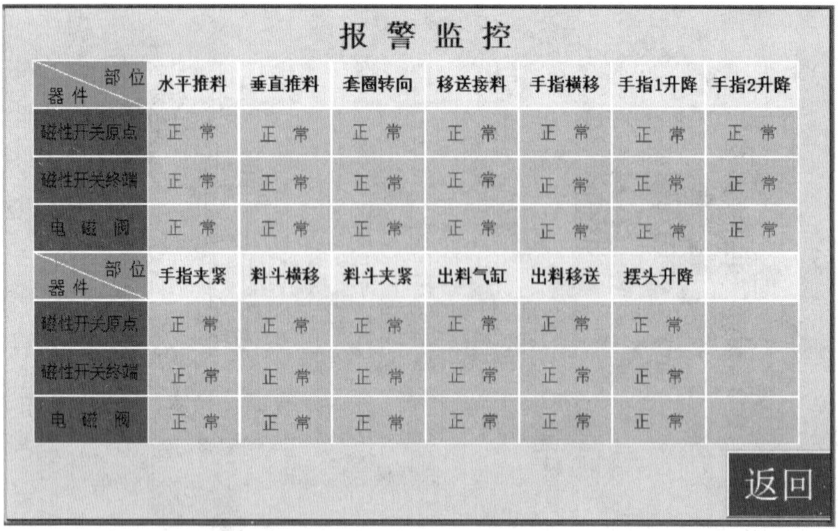

器件\部位	水平推料	垂直推料	套圈转向	移送接料	手指横移	手指1升降	手指2升降
磁性开关原点	正常	正常	正常	正常	正常	正常	正常
磁性开关终端	正常	正常	正常	正常	正常	正常	正常
电磁阀	正常	正常	正常	正常	正常	正常	正常

器件\部位	手指夹紧	料斗横移	料斗夹紧	出料气缸	出料移送	摆头升降
磁性开关原点	正常	正常	正常	正常	正常	正常
磁性开关终端	正常	正常	正常	正常	正常	正常
电磁阀	正常	正常	正常	正常	正常	正常

图7-20 报警监控界面